U0163050

樂府

·

心里满了，就从口中溢出

行李

TravellingWith

04

造一所不抗拒生活的房子

赵扬 著

自序

2013年底，第六届劳力士创艺推荐资助计划（Rolex Mentor & Protégé Arts Initiative）在威尼斯落下帷幕。负责该计划建筑和视觉艺术两个门类的玛汀女士（Martine Verguet Tschanz）跟我提及，每一位学徒可以向劳力士申请两万五千瑞郎的经费作为该计划的后续资助来完成一个规模不大的艺术项目。这笔钱对于其他六个艺术门类——文学、视觉艺术、音乐、舞蹈、戏剧及电影，都比较容易想象某种形式的呈现。但对于建筑，起码从我当时的实践方式来看，这点钱还撑不起像样的事情。玛汀于是建议我用这笔经费来出版一本作品集，并邀请我的导师妹岛和世先生访问大理，为书作序，作为对过去一年师徒关系的纪念。我欣然答应下来。

根据导师计划的规定，这项经费资助的项目应当在一年内完成，也就是2014年底。然而当时预计会很快完成并收入作品集的三个房子都因为种种现实问题而磕磕绊绊、前途未卜，出书的计划也因此一拖再拖，直到我们这三个在大理始接地气的项目最后被拖成了“三个没盖完的房子”，而另外三个真正的作品因为其他的机缘在大理落地生根，这已经是2017年了。

这几年中，冯仕达先生每年都来大理看望我们，并用对谈的形式帮助我们梳理实践思路的演变和每个作品的特点。我也逐渐认识到传统作品集的形式已经安放不下作品的意涵。以照片、图纸和简要说明架构起来的再现方式适合呈现以完成度为导向的建筑作品，然而我们这些深植于大理民间的项目，都是在跟现实不断地推手中应变而来的。受制于现实的压力，又要从每一个局部的现实中借力。久而久之，我就明白这些看似情非得已的推手不仅仅是在“克服困难”，这背后的心态也不是安藤忠雄先生孤胆英雄式的“屡败屡战”；这些“推手”是一个项目在设计过程中不断地向现实敞开心扉的姿态。建筑师不再期待理念的完整，而是去揣摩并欣慰于一个房子能在人间长成它应该有的样子。

2016 年初，竹庵建成。我开始尝试一种区别于设计说明的文体，来叙述一个项目从发端到完成的过程。我希望这些文字能够跟普通文化读者交流，而不局限于建筑学专业内部的讨论。我相信每个作品的意义都深植于它跟周遭世界的联系当中。这些联系可以一目了然，却往往被视而不见。和雕塑相比，建筑更像舞蹈，它是时间性的。一个项目会经历成百上千个重要决定，如果大多数决定是建立在对当下现实的全然开放和觉悟基础之上，形成针对每一个具体境遇的观点，那么由这些观点层层累积和叠加所形成的建筑必然是耐人寻味的。那么，建筑师的写作是不是也可以再现这些观点和它们成形时的语境呢？

《喜洲竹庵记》之后，我又写了《柴米多农场餐厅和生活市集》作为发表项目的文章。但当时都没有想过要自己主笔来完成多年前对劳力士的承诺，毕竟码字不是我的专长。直到 2017 年底，当玛汀再次询问我书的进展时，我已经无地自容。当时正在做《仿佛若有光：大理访谈录》的黄菊便鼓励我自己写一本书，讲述这些年在大理做建筑的故事。黄菊是公众号“行李”的主笔，是人文地理的观察者和讲述者。她说她作为一个建筑学外行，觉得《喜洲竹庵记》这样的文章特别亲切，相信这是一种可以跟非专业读者沟通的建筑学写作方式。我当然也明白，对于这些项目，我作为主要当事人和全程目击者的角色是无法被替代的，讲述者的责任也只能自己担当了。

正式的写作从2018年春节开始，断断续续地持续了两年时间。写作过程是坎坷的，对我而言，经营文字远比经营空间更加困难重重。我也不能任性地停下工作室的业务，给自己一段时间专心投入写作。“得失寸心知”，文章是不能炮制的。当千头万绪的回忆在脑海中渐渐排列出线索，当初的感受、思维跟事实一一应对，文字才能借助恰当的语气在键盘上敲打出来。建筑不是建筑物，建筑设计是要格物。“物有本末，事有终始”，文章要能明其先后，明其所以然。

包括后记在内一共写成八篇文章，成书的顺序基本上是以项目发端的时间为准。《三个没盖完的房子》和《“共有之家”与妹岛的门徒》可以说是一个准备和热身，是“新发于硎”；接下来的《喜洲竹庵记》《柴米多农场餐厅和生活市集》和《大理古城既下山酒店》是用三个项目来呈现一个相对成熟的实践态度;《梅里雪山既下山酒店》是这个实践态度走出大理地文背景之外的尝试;《从“化势为形”到“离形得势”》是回过头来反观一个建筑学方法蜕变的过程；后记《直到第一个作品》是把我自己学建筑的历程作为标本，剖析建筑设计作为一种综合性职业技能的传递方式和建筑学作为一种文化思想的分享过程。完成全书，我亦备感释然。毕竟从青年到中年，对这个职业已经执着了二十年。这心里是藏匿了多少妄念，多少未解的心结。写作的过程也是对自己的清理，古人作文“为天地立心”，我先试着为自己立心吧。

2018年初，我终于迎来我的导师妹岛和世访问大理。在从竹庵回古城的路上，我问师父对我的作品的感受或者评价。她沉吟半晌，蹦出来一个假名单词“おおらか”。

她说这个词不在汉字体系里，它确切的意思是在作为女性语言的日语里才有。她想用类似“open-minded”这样的英文概念来解释，又觉得不够贴切。后来懂日语的朋友说，这个词大概可以翻译为“落落大方”。我想，以妹岛对我职业经历的有限了解，这个评价已经足够，没必要勉强远在东京的师父来为我这段大理的历险作序。这本书的缘分还是由我自己来交代吧。

感谢劳力士创艺推荐资助计划对我的资助和鞭策，感谢黄菊对我的耐心和信任，她坚持不懈地催稿和鼓励是我一直没有放弃写作的动力。感谢书籍设计师李猛先生在与日俱增的业务压力下，不厌其烦的推敲本书的图文架构和呈现方式。

书名《造一所不抗拒生活的房子》也采用了《仿佛若有光：大理访谈录》里黄菊为我的访谈所作的题目。这虽然不是我自己喊出的口号，但反观全书，竟发现努力的方向都与这句话不谋而合。现代建筑像一个没有教养的男孩长成了野心勃勃的青年，几番自以为是之后，中年危机如约而至。“礼失而求诸野”，礼失更要求诸生活。即使文化的乡野、文明的旷野都被蚕食殆尽，生而为人，我们总还可以反求诸己，在平常而真实的日子中去感知尺度和分寸，明辨哪些是真正需要的，哪些是彻底荒谬的。在云南，在大理，人间的氛围被一种叫作“好在”（云南话，大概可以译为“good life”）的集体无意识所萦绕。这个尚不能用生产和消费来定义生活的地方就是这样心甘情愿地“落后”着。

生活之树常青。

赵扬

2020 年 1 月 于大理“山水间”

目录

造一所不抗拒生活的房子

摄影 李小龙

摄影：奚志农

一

三个没盖完的房子

还记得是“海地生活”的大管家郝正伟第一次跟我聊起“大理福利亚”这个美称。熟悉大理的人都明白，严格地说，“大理福利亚”指的并不是良田万顷的海西，而是传统上被主流农耕文明边缘化的洱海东岸，就好比太平洋东岸的加利福尼亚。熟悉大理的人也都能慢慢理解，洱海两岸的区别绝不仅仅是种地和打鱼两种传统营生的不同，这并不宽阔的洱海隔开的根本就是不同来路的土地。用地质学的话来说，现在雄踞滇西北的苍山十九峰是4500万年前跟随喜马拉雅造山运动从地壳深处隆起的，后来，沿着苍山东侧的红河断裂产生了差异升降，形成了断陷湖泊——洱海。也就是说，洱海正好位于滇西横断山脉和滇中红土高原的撞接处。苍山的构造主要是变质岩，十八溪冲积形成的大理坝子上是肥厚的黑土地；海东的山体都是石灰岩，是云南典型的喀斯特地貌，表层风化而成的土壤呈鲜亮的赭红。海东比海西更干燥，日照时间更长，因此冬天也更温暖，夏季的降水量也明显少于海西，真是有点加州地中海气候的意思。

记得2011年夏天我在“海地生活”三号院的咖啡馆开始构思旁边岩壁上陈蓉的家时，经常看着洱海对面的云雨扯开大幕，罩住了苍山。走出来坐进洱海对面文献路木工房出品的一把帆布折叠椅，微风送来对面雨季的凉爽，阳光清澈像童年，头顶上无花果树绿叶闪亮，探出海堤的木平台下是从海西坝子那边涌过来的浪，扑到这边已是强弩之末，柔柔缓缓地浸润着岸边。这时候就好像整个世界都在身后，又好像整个世界都在面前。

那时环海路还没有贯通，双廊的客栈业才刚开始兴旺起来。从玉矶岛到大建旁村，一路上大抵还是传统渔村的模样。和大多数凋败的乡村不同，2011 年的双廊一派欣欣向荣的景象。妇女们穿戴整齐地忙碌着，即便是在工地扛砖头，那蓝黑相间并饰以绣片的白族服饰也捯饬得一丝不苟。虽有一些老房子倾颓了，但那些刚刚把多余的宅基地租给外地人而致富的人家也盖起了新院子。墙头路边偶尔会探出硕果累累的仙人掌和灿烂得无拘无束的三角梅，不修边幅地透露着海东地气与阳光的消息。

那个夏天，我本该是一直待在北京，利用人生中最后一个无牵无挂的暑假为一年后的哈佛毕业提前做一些职业上的安排，却不想在一个饭局上偶遇了后来把我带到大理去的第一位甲方陈蓉。这位事业有成的单亲妈妈带着那时刚开始学步的女儿在双廊的大建旁村租下一块宅基地，计划为自己盖一个面朝洱海的家，离开已经有些乌烟瘴气的北京和只能在打拼中找寻存在感的生活。

陈宅基地

这块宅基地坐落在临海的岩壁上，需从岸边狭窄的巷子拐上陡坎方可抵达，基地 19 米见方。北、东、南三面还是荒地，但存在将来被邻居的房子包围的可能。所幸用地西侧的红线紧贴着高出海岸十余米的岩壁。凭海临风，整个洱海尽收眼底，烟波对面，黛色的苍山耸起，横亘百里，一览无余。

当时我住在海湾边刚开业不久的“春暖花开”客栈，每日走街串巷游荡到陈蓉的宅基地上发一阵呆，再沿着海街继续溜达到“海地生活”的咖啡馆开始做设计。我也知道几天时间是做不出什么好东西的，画一阵儿草图就出来对着洱海继续发呆。大概那时大理还没几个游手好闲的设计师，我画草图的架势便引起了大管家郝正伟的注意，于是攀谈起来，他邀我跟他和嘉明一起去海东的金梭岛上走一圈，据说他们已经在岛上圈下两处绝世风景。

一艘铁皮汽船往返于金梭岛跟海东镇之间的“海峡”，是岛民出岛唯一的交通工具。金梭岛是南北两座高耸出海面的石灰岩山丘，北丘南麓和南丘北麓在岛的中部汇成一片渔村。村子倚坡而建，面朝海东，有效地规避了海岛西面酷烈的阳光和风季从西南方向呼啸而来的下关风。

通往金梭岛的渡船

“V”字形港湾

村子的模样跟双廊大同小异。由东向西穿过村子，翻过山坡拾级而下，便是一个面朝苍山的“V”字形港湾，停靠着几叶铁皮渔船。沿着渔港北岸的石堤走到尽头，便是被嘉明和正伟称作“海角”的那块地了。宏阔的洱海在这里天然缩拢成一个阑尾的形状，被港湾两岸的十几户人家夹裹起来，这小片水域因此显得分外可亲，海浪触岸的声音也被放大得格外分明。这局部的洱海近得像家门口的运河，又像小时候相安无事的故乡的样子。

沿着海岛东侧的海街一直向北走到尽头，在岸线由北向西的转折处，裸露的岩壁下是大片堆满乱石的空地。仔细瞧看，才辨出是两块四四方

双子场地原始状态

方的宅基地。因为是沿着岸线由西北向西铺陈，两块地的朝向便有了30度的转折。两块地都有一亩多，在后面陡峭岩壁的映衬下显得特别突兀。房东原来是用炸药炸开了山体，大部分岩石滚落入海，填海造地才有了眼前这般光景。两块地的所有权分属于两兄弟，嘉明和正伟便唤它作“双子”。如果说“海角”是伫立在渔港尽头静静的守望，那么“双子”的位置就像是金梭岛这巨轮的前甲板，迎着最凛冽的风浪，最是风光无限，荡气回肠。

我无非是跟嘉明、正伟如实描述了自己对场地的感受，他们便决定把这两个项目托付于我了。在海东待了不到两周，就收获了三个项目，我似乎有足够的理由认为“大理福利亚”或许真的就是一百年前的加利福尼亚，独特的气候和质朴的人文环境让来自文明中心的辛德勒（Rudolf Schindler）和诺伊特拉（Richard Neutra）等建筑师如脱胎换骨一般，纷纷开创了自己的建筑之路。就连他们的师父赖特（Frank Lloyd Wright）也是在晚年，竟然也是他职业生涯的盛年。因为受不了威斯康星州的寒冷而搬到中西部的亚利桑那，远离“镀金时代”的纽约、芝加哥，直面美国半干旱的中西部——那一片尚未被过剩的文明触碰过的自然。这位大师最后二十年的工作就像是回到文明初创的起点，有一种开天辟地的纯真和元气淋漓的果敢。几周后当我再次回到哈佛，就已经笃定地知道人生旅途的下一站必是大理了。

我的第三学期并没有设计课的炼狱，为了抽出时间照顾大理的项目，我干脆选了些无关建筑学宏旨的课程。除了卡彭特中心的油画课意外地让我呕心沥血一番，其他讲座形式的课程都如我所愿，只是重在参与。即便如此，学校还是有数不清的讲座跟活动，我就只选对我胃口的和可能与未来在云南的实践有关的内容。有一场近在眼前的历险可以为之厉兵秣马，我心里既亢奋又踏实。读书，听讲座，交谈，对美国社会和文化的思考自然就多出大理这个参照。那个秋季学期过得自在又专注，那种状态，借木心的话来说，“冷冷清清的风风火火”。当时我住在学校旁边萨默维尔镇的华盛顿大街315号，同一屋檐下还有学弟武州和李烨。记得李烨那学期的设计课痛苦万般，忙得一学期都见不到他几次。武州的设计课却有些隔靴搔痒，于是都很快被我煽动一起来做大理的事。第二年夏天回国，武州跟我一起回到大理开始创业，李烨在纽约观望了大半年后才姗姗来迟。

双廊陈宅

十月初，陈宅的第一轮方案就做出来了。设计的着手点非常具体，场地内四米的高差被处理成从入口庭院到书馆再到卧室区的三个台地，每两个台地之间高差两米。公共空间——餐厅、书馆、家庭室——分别被安排在这三个台地上。空间上它们是贯通的，功能上又被高差分隔开来。三层台地的高差在建筑西南向形成一个前院和两个露台。室内朝向山体的一侧都是两米高的挡土墙，朝向露台的立面几乎都是大面积通透的玻璃，房子安详而慵懒地趴在山坡上，凝望着洱海苍山。

第一张构思草图

陈蓉被这个设计打动了。我也欣喜地发现自己的设计已经可以理直气壮地朴素起来，反而对当时学院里大多数学术的喧嚣越来越提不起兴趣。这个设计除了诚实地面对基地的特点和限制，客观地安排使用者对各种空间品质的需要，细致地推敲人在房子里的移动、体验，并没有附加多余的企图。作为一个家，我在乎它的姿态要谦和安稳，我在乎它和山体的关系，我觉得房子的姿态比它具体的形式更重要。

甲方总是要参与意见的，设计往下深化，各种现实条件也会涌现出来。我也不认为这些影响应该尽量被回避和遮掩，它们都是现实的一部分，在设计和建造的过程中应当被给予恰当的关照。所以这个设计从形式上看比较“松”，这种“松”是一个接纳的姿态，它将接纳未来几年“大理福利亚”为它准备的厚重现实。

陈宅初始方案模型

2012 年夏天毕业不久，我就迫不及待地回到了大理。没想到不到一年时间，双廊的模样已经变得有些矫情了。“海地生活”四号院刚刚完工，客房定价都上千了，开业多时，装修污染的浓烈气息久久不散，那应该是博群师傅第一个完整的作品吧。郝正伟同志一年前在三号院门口的海堤上无心插柳地摆出一组面朝洱海的白色吧台和吧凳，已成为络绎不绝的游客“打卡自拍胜地”，后来竟加冕成双廊度假旅游的名片了。我渐渐感到一年前那个布衣粗服、发了一点低烧、只有一点臭美的双廊开始忘形了。越来越多的老院子被拆成了收费停车场，开客栈已经从一种生活方式演变成一种谋生模式，往昔的渔村摇身变成了一个沸沸扬扬的工地，游客们穿行在飞扬的水泥灰和虐心的噪声中，乐此不疲。新建的客栈又高又胖，一副打了激素的样子；层层叠叠的海景房不顾一切地挤到岸边，争先恐后，像要跌入洱海里。

那年夏天，陈蓉已经带着女儿把家彻底搬到了大理。她对双廊的氛围也很担忧，觉得已经不大可能在这里常住，既然客栈生意很有前景，便想把这房子改成一个民宿，除了要保留家庭成员的生活空间，还需要几间带独立卫生间的客房。

赵扬和武州在美国寓所的临时工作室

以之前在北京的工作经验，应对变数就是中国建筑师的日常，所以我并不觉得陈蓉的要求有何不妥，就欣然开始修改设计，一个多月后，折腾出了甲乙双方都比较满意的结果。这个方案还是能辨认出最早方案的姿态，但是和那个比较“松”的状态相比，新方案就紧凑得有些不留余地了，毕竟要多塞进几套客房，还要保证整体上较为流畅的空间品质，多少也被撑得高胖起来。因为空间上的精打细算，整个房子的气质也变得比较理性，之前那种“大理福利亚”的松弛安详已在不经意间溜走了。

陈宅实施方案模型

新方案从材料和建造的考虑上都更接地气，因为结构工程师已经介入，墙体和梁柱的尺寸也体现了现实的建造条件。早先的轻盈而透明的状态被厚重敦实的体量感取代了，更接近当地乡土建筑较为庇护的表情。本来想完全采用毛石墙体包裹外墙，后来才知道依靠人力手工砌筑的毛石墙体，垒得越高越费劲。传统白族建筑也只是在建筑基座采用毛石，基座往上就是砖瓦、生土这些易于操作的材料。传统的材料逻辑还是从实用出发，于是才悟到当年读书时理解的“地域主义建筑”更多是一种美学上的多愁善感。基于对当地建筑材料的观察，我便想到把这个房子的立面分成两段。半嵌入地面的一层用毛石包裹，往上的一层用白族式的“草筋白”墙面。如果把这个房子放在一个白族传统村落的文脉中来看，用毛石包裹的部分会被理解为建筑的基座，只有毛石上面的白墙才能算“房子”，那么这个被迫变得有些高胖的建筑给人的心理高度也就降低了。如果只看上面白墙的部分，这也就算一个平房而已。这听起来大概有点掩耳盗铃的意思，毕竟这个方案还是比它的初心高胖而贪婪了许多，不过想到双廊这个激素水平整体偏高的生态，“生于淮北则为枳”，我也多少释然一点。

远离现代工业体系的渔村双廊在建造条件上并不落后和匮乏，甚至可以说是得天独厚。多年前，艺术家赵青就在双廊开始了一系列跳出时代窠臼的建造尝试。从自在得不着痕迹的“本园”到充满作品意识和空间想象力的“青庐”，再到玉矶岛上酒店、书馆和店铺，赵青成功地创造出在美学上几乎自成一体的生活空间，也因此结合当地传统培养出了一个完整的建筑工匠体系。虽然后来承载这一体系的材料和形式语言被过度模仿和消费，成了陈词滥调，但因为客栈业引领双廊建筑业的持续升温，赵青当初的“无心插柳”却生根发芽，以至后来双廊工匠的综合能力竟然远远超出中国乡下的平均水准。陈宅工地上的钢结构总包高师傅和众多石匠都是这个系统培养出来的人才。他们都有基本的读图能力和跟设计师合作的经验。如果没有这个基础，当时盖这个房子的难度就更加难以设想了。

即便如此，这个房子还是磕磕绊绊地盖了两年。这两年中，双廊逐渐被客栈业的无序扩张彻底吞没了。哪里还有安生日子？陈蓉于是也坚定了把房子彻底变成一个民宿的想法。客房又从四间增加到五间，加上主人的卧室，公共空间被压缩得只剩下入口层的开敞厨房和中间层的书馆了。在这个漫长的建造过程中，设计还是一丝不苟地针对现场状况作出回应和调整。每一个房间都针对其不同的条件做到室内空间效果和功能使用的最优化。记得当时为了找到合适的石材，我跟陈蓉开车几乎逛遍了大理周边所有的采石场，最后选择了海西的麻石，因为像金梭岛上那种漂亮的石灰岩已经被禁止开采，海东和洱源能找到的石灰岩都是灰秃秃的土黄色。海西的麻石当时还有比较现成的货源和乐于配合的石

陈宅工地

匠，而且用在阳光炙热的海东也会让房子给人一种清凉一些的感觉。记得入口的院墙还经历过一次返工，那是房东和邻居的一些恩怨导致我们不能把入口的几步石头踏步凸出红线，只好拆掉石墙，降低门槛，把高差放到院门内部解决。所有这些小小的事件都需要我或助理建筑师王典从古城跑到双廊去解决，往往一折腾就是一天。两个念头一直支撑着这份坚持，首先，这是我们在大理的第一个项目，我不想留下哪怕一点点遗憾；其次，陈蓉是把我们带到大理的第一个甲方，有这样的缘分，我自然要尽量成全。从 2012 年底到 2015 年初，我们目睹了大理越来越多的荒唐事，但想多了也没用，以我的性格，不太可能放弃或者降低标准。那也好，尽人事，听天命吧。

结构基本完工时的工地

2015 年春，当工地的室内隐蔽工程接近完工的时候，陈蓉突然通知我说想把房子再加高一层以容纳更多客房，而且抱怨我们设计的客房过于朴素，达不到精品酒店的标准。我怎么劝都没用，陈蓉执意要我出扩建方案。我蒙了，也火了。作为对这个房子了如指掌的建筑师，我很清楚任何加建都会破坏我们在过去几年的变数中精心维护的均好性和平衡感。而且控制造价是甲方一直希望我们坚持的原则，后来修改方案也一直把它当作一个民宿来考量。所谓民宿，首先是一个家，而这个设计本来就是从家开始的，它顺理成章应该是质朴而温暖的。不过，的确，当时双廊的客栈都越盖越高，设计也越来越浮夸。双廊的度假氛围早已不是当初那个宁静的远方，而是充斥着各种投机和欲望。也许我们的设计在这种场景下已经不合时宜了。我觉得真是到了该放手的时候，便回复陈蓉说，加建从各方面讲都是错误的决定，我不可能做违心的事情，更何况是对我自己的作品，所以你要加建只能另请高明，我们真的是筋疲力尽了。

尽管“瘟疫”一直在身边蔓延，我却一直相信凭着我们的执念，这个项目可以不被传染。可建筑本身就是社会性的，长在环境里，被这个环境成全，同样也会被环境带跑。不久，双廊客栈业开始被严格管控，2017年整个洱海沿岸的客栈都以洱海治污为由“自愿停业”，2018年又都被“强制开业”了。不巧这个房子就生长在一个短短几年间经历剧变的环境里，它有这样一番魔幻般的遭遇，回过头来我也都能够理解。后来我再也没有去过双廊，也不知陈蓉和她的房子后事如何。不管以怎样的方式，社会总要成长，生活也还要继续，但愿一切能渐渐变好。

海角客栈

因为场地有明确的边界，海角的构思比较容易找到一个起点。这块四四方方的宅基地处于渔港尽端，西、南两面紧贴着村民公用的海街和海堤，东北两侧紧贴邻居的院墙和山体，所以房子的空间向度很容易判断。但这个端头的位置没有遮挡，冬季从南边过来的下关风很猛，海面反射的阳光也炫目。当地白族盖房子，首先要考虑的就是防风和遮阳。这些岛民的院子没有窗户，外观很封闭。可是在大风的天气里，一旦步入庭院，就会感觉空气突然安静下来，坐在檐廊下的阴凉里，看着院心移动着的光斑，觉得阳光也变得驯顺了。除了照壁，庭院内部的空间界面都是木结构的。和层高相比，檐廊显得很深，镂空的格子门半开半阖，构成一个柔和的边界，舒畅通透，丝毫没有被院墙限制的感觉。这庭院中、檐廊下，正是渔民经历每日的风浪飘摇后寻得安稳平静的场所，这种传统的空间品质用现代的眼光来看算得上是疗愈性的，即使没有闲钱把照壁和大门装修成“三滴水”的富贵样式，这种疗愈性在最朴素的白族院子里仍然存在；至于大户人家雕梁画栋，也是在这个基本前提下，附加一些诗情画意，附庸风雅罢了。

金梭岛传统白族院落

在大理，身体的舒适感更多的是被阳光而不是气温影响的。大理几乎没有炎热的夏天和凄寒的冬日。七八月的雨季如果几天不见太阳，甚至要烤火炉才能抵御寒凉；而年末的风季即使气温降到几摄氏度，只要烤足了太阳，就幸福得春暖花开。当然也不是晒得越多越好，大理的紫外线之强众所周知。因此久居大理的人慢慢进化出针对阳光的独特行为模式。其实白族传统民居里的院子和檐廊，以及对西晒加以反射再利用的照壁也可以从进化论的角度来理解。当然这样的建筑针对的不是静止的人。从堂屋过渡到檐廊，再过渡到露天的庭院，空间在晨昏之间跟随地球的自转，阳光在那些安逸的角落如约而至，才成全了大理的光阴。因此它也特别需要居住者的主动配合，在积习而成的条件反射的驱动下，看似无意识地在空间中根据光线状态的改变而坐卧游走。因此，在大理的阳光下，一个空间状态合宜的庭院会直接影响身体的舒适感，它绝不仅仅是审美层面的。我想在对这个问题的体认上，大理人应该都心照不宣。

我于是把海角客栈的首层想象为一个内向的围绕庭院布置的空间，因为有外墙抵御海风，首层的空间就可以呈现出传统檐廊空间的开敞状态，那么客栈的公共空间就可以围绕天井来布局，在一个没有隔断的流动空间中，用家具来安排出书吧、餐厅、茶室、起居等功能。

客房被安排在建筑的二层和三层，在平面上呈风车状布局守住建筑的四边，并在每一边让出一个柱距的开口，使得首层的围合感向上逐渐向周围的景观打开。

流动空间需要轻盈而透明，因此采用了钢框架结构；四围的院墙尽量厚重敦实，用混凝土框架填充加气混凝土砌块实现了一个60厘米的厚度。这个厚度从结构上来看是有冗余的，但却是这个建筑不可或缺的表情。60厘米正好是当地民居土坯院墙的厚度，而内部的“H”型钢柱是20厘米见方。钢框架和砌体的异质结合借用了周围的传统民居土坯砖院墙和木框架的关系。这不是对材料本身的借用，因为土坯砖和木结构对空间和使用的限制实在太多。传统民居的木框架贴合院墙的边柱，

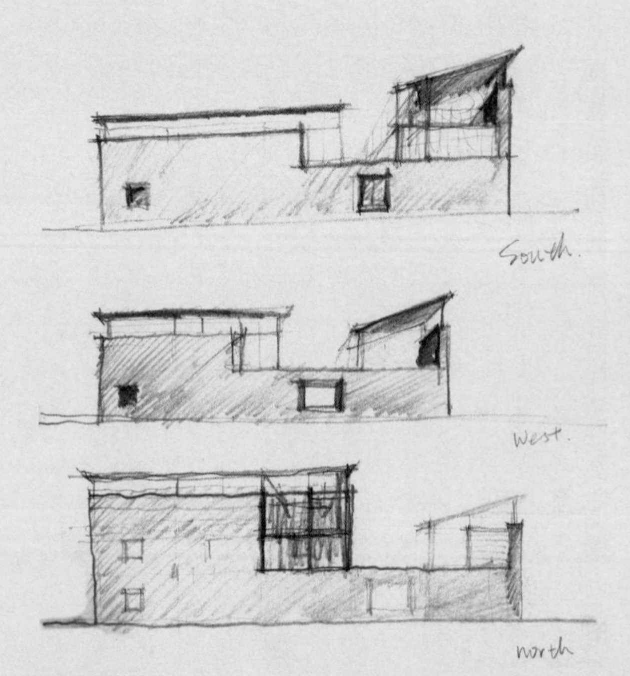

立面构思草图

大部分嵌入四周厚实的土坯墙里，落在高于地面的毛石墙基上，利用墙体的刚度来抵御地震时产生的侧向力，避免作为柔性结构的木框架在地震作用下歪斜甚至倾覆。海角客栈钢框架四周的边柱和边梁也都埋入了砌体院墙中，从结构受力上看当然会起到类似的效果，但对空间体验而言，则是一种简化，空间的边界呈现为连续的墙面，而游离在空间中的钢柱也有了一种脱离柱网体系的自由感。

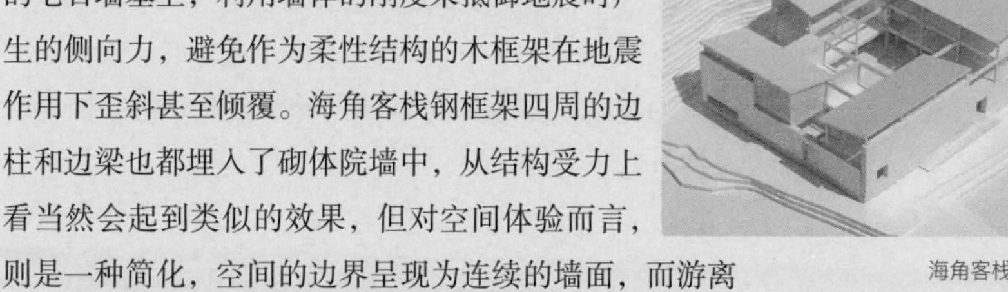

海角客栈模型

四周的院墙砌到两三层也都断开成为独立的单片墙体，分别挡住了四边客房的外立面。这样的处理，一方面让客房都有了朝向景观打开的机会，一方面又维护了整个建筑向心的格局。从立面上看，从毛石砌筑的墙基到厚实的白墙，再过渡到局部暴露的钢结构，这个房子呈现出一个由下而上逐渐轻盈的表情。为了让这个表情的一致性延续到屋面，我坚持让嘉明专门订购了一厘米厚的钢板铺在四个单坡屋面的钢框架上，用钢板本身的强度来完成出檐半米的悬挑。钢板表面用本地的薄陶砖覆盖，整个屋面因此显得格外轻薄。当然这个“轻盈”只是视觉上的，我们当时对这些钢板的重量缺乏经验，完全没有料到，在这个没有重型工程机械的海岛尽头，工人们要付出多大的努力才能把一块块沉重的钢板拖上屋顶，并完成相对精确的焊接，还要防止焊接造成的形变。这个过程带给我们各方的压力和纠结多少冲淡了视觉上的轻盈所带来的成就感，让我久久不能释怀，毕竟当时，嘉明对我是无条件信任的。

双子客栈

双子的设计并不像海角或者陈宅那样容易找到顺理成章的起点。这里的气场更属于它所面对的那个荡气回肠的自然。金梭岛处于洱海面宽最窄的部分，站在双子的岸边，山海都显得迫近。下午的阳光从苍山背后投射到海面上，因为逆光，苍山的纵深被压扁成深邃的剪影，烘托着已经变成一个光效装置的辽阔水面，人们对山和水的认知被一个气势撼人的光学现象消解了。这个时候，山没有了，水也没有了，整个存在被抽象成一个光学现象，令人彻底出神。每次去双子现场，我都尽量选择下午，就是为了这独一无二的体验，它总让我想起我所钟爱的美国艺术家罗伯特·欧文（Robert Irwin）那本著名传记的名字 *Seeing is Forgetting the Name of the Thing One Sees*(《观看就是忘记观看对象的名字》)。具有这种让人出神品质的景观，在大理，大概就只有金梭岛西岸荒无人迹的现场了。

然而，因为用炸药开山破土、填海造地，双子这块地的气质很不斯文。金梭岛北端的岩壁原本就巍峨，再经切削，就更为陡峭了。看上去，场地平面跟崖壁陡坎几乎垂直相接。两个四四方方的矩形场地配合岸线生硬地旋转了 30 度，形成一个豁口，当时还被渔民用作拖网打鱼的平台。

炸山填海是因为金梭岛已经没有地了，如此粗暴的干预自然从根本上取消了“依山就势”而顺理成章的常规可能。我也是纠结了好几个月才明白这个设计只能顺着场地的生猛逻辑往下推，最终破题的关键在于意识到南北两块挨在一起的场地（下文称“北院”和“南院”）其实截然不同。虽然从剖面上看，两块场地同样是面海背山，但如果推敲平面，会发现北院面海的朝向是正西北方；而南院几乎扭转为正西向。因为山体紧贴红线，高耸的岩壁会在上午投下很深的阴影，北院的东北角要到中午才能接受到阳光；而崖壁延伸到南院以南，向西南探去，因此站在南院的地块上又完全感觉不到阴凉，到了下午，更是完全暴露于西晒之中。

在草图纸上，我先把北院东北区光照条件最不利的区域勾勒出来，一个直角三角形隐约浮现；远离山体并贴近洱海的西侧自然应该布置客房，这样一来，北院的中心就呈现出一个朝南的虚空，可以把阳光导入内部。三角形的斜边向南延伸，几乎和南院靠山一侧的边界重合。于是一个念头闪过，这条贯穿南院、斜插北院的轴线也许会是一个柱廊，是酒店公共流线的主轴。这条柱廊在北院切割出一个三角形的庭院，穿行到南院，转而面对山体裸露的岩石，并一直通向最南端的海滩。顺着这个思路，北院东北角就成了一个面朝柱廊打开的公共空间，三角形庭院也获得一个朝南开放的姿态，并自然

双子模型

而然地和打鱼的豁口空间融为一体，空间边界就变成了南院的北墙。这样处理，南北两块用地彼此孤立的格局就被打破了。南院因为日照条件比较均匀，就直截了当地把场地切割成东西向发展的客房，并用内部的天井来克服进深。

北院因为斜轴线的插入而成了一个不规则的平面，用单坡屋面一坡到底会是一个比较自然的选择。靠海一侧的客房需要做两层来保证房间数量；靠山一侧的公共空间又需要引入更多阳光，西高东低的连续坡屋面便可以两全其美。南院因为山海两边都是客房，为了让景观资源最大化，自然就应该在靠山一侧做出两层，用一个东高西低的单坡屋面坡向海边。这两个反向的坡屋面是在设计推敲过程中得到的意外结果。毕竟白族民居没有单坡屋顶的先例，而这样大的变革尺度更是远远脱离了形制常规。然而这个意料之外，却有两处情理之中。首先，双子的场地处于海岛北端的转折处，它已经脱离了金梭岛村传统聚落的文脉而独自投入到海岛西侧那个气势磅礴的自然。尺度巨大的坡屋顶、直截了当的平面轮廓和南北贯通的空间主轴都是尺度上的义无反顾。另一方面，刚才提到北院比较缺少日照，而南院需要抵御西晒，因此北院的屋面朝外升起，是一个迎接光线的姿态；南院屋面的坡向反过来，构成一个遮蔽光线的姿态。

这个项目更让我们意外的是：在设计进行到后期发展出了独一无二的建造方式。因为在开山造地的过程中留下许多毛石，石料自然而然成为首选的建材之一。而其他建材都必须通过船运抵达，自重较轻的木结构也成为很合理的选择。传统木结构建筑虽然在中国大部分地区已呈日薄西山之势，但在大理地区的农村，依然是当地白族民居的一种选择。当地的木匠仍然较好地保留了木结构建筑的传统工艺。在洱海周边的许多村落，我们都可以找到这些木匠。

通过跟来自江尾的大木匠讨论，我们把建筑的平面和一个 3.8 米的柱网结合起来。当地最常见的木材（赤松和苦松）都有 4 米，当地民居的开间也都在 4 米左右。我们选择 3.8 米的跨度是为了给原材料的选择提供更大的灵活性。这个设计不属于中国传统木构的任何形制，形态比较简单直接，没有传统民居屋顶的举折，没有从檐廊到厅堂的跨度变化，没有装饰性的细节。传统的木构技术最集中的体现就在于屋顶，然而这个设计根据空间的需要采用了并不常见的单坡屋顶，因此这个简单到一目了然的木结构其实在很多具体层面是反传统的。用传统的木结构技术来突破传统的木结构形制，我们只能选择最常见的节点，简化用料的种类，简化建造的程序。

既然选择了传统的建造方式，也就放弃了现代建筑工业的惯常做法。项目总承包的施工方式在这里显然是不适用的。我们需要和工匠一起商议建造的步骤。首先是石匠进场，他们把场地上开凿山体得到的毛石加工砌成建筑的外墙，并且用这些石料制作出木柱的柱础。传统的白族建筑都有较厚的外墙，木结构并不是完全独立的。嵌入墙体的柱子不会直接落地，而是坐落在墙体上齐腰的高度。因此石匠必须预留柱位，而且局部两层高的墙体只能先砌至一层，等木结构框架完成，边柱和边梁都嵌入墙体，再接着完成二层的墙体砌筑。我们选择了一种当地人称为“三叉花”的石墙砌法，石料之间的接缝咬合紧密，60 厘米厚的墙体，可以在室内外两面呈现出“用灰不见灰”的效果。

石匠砌墙

木材运上岛后，直接在现场加工，并将柱子和主梁拼接成榀。然后在大木匠的指挥下，三五十人协同劳动，用绳子、滑轮、木槌等简易工具，在一天的时间内，把一个建筑的主体结构拼装完成。这个壮观的劳动场面叫作“立木架”。大木匠会因循白族的习惯和仪轨选择吉日。在立木架的现场，也会有年长的族人拜神、祭祖和唱经，同时准备丰盛的午宴款待从各家乃至邻村请来的劳力。

与瓦匠讨论铺砌方式

我们根据空间需要设计的屋面坡度并不满足传统瓦屋面对排水坡度的要求，所以不能按照传统做法，直接在挂瓦条上铺青瓦。我们先在平均间距 45 厘米的次梁上铺木板，然后在木板上做两道卷材防水，最后才把手工青瓦铺砌在防水层表面。青瓦在这里起到了疏导排水、保护卷材防水层以及饰面的作用。从效果上，我不想在屋顶上看到传统瓦屋面筒瓦所形成的带状肌理，因此就选择只用微微弯曲的板瓦互扣来覆盖整个屋面。常见的板瓦和筒瓦结合的一系列传统做法在这里完全不适用。屋脊、檐口、侧边的收口都经过和瓦工的反复讨论才确定下来。

屋面施工

2013 年，双子和海角两个工地如火如荼。到了年底，两个建筑都已封顶，加上那年秋天我们已经在日本完成了“共有之家”，我们偏安一隅的实践开始受到广泛关注，工作室群情激昂，我自己也有一种脚底生风的感觉，心想艰苦卓绝的奋斗终于看到了曙光，未来应该会是一马平川了吧。

据说当你觉得脚底生风，那也许是踩到香蕉皮了。的确，2014 年春节刚过，嘉明就跟我说他决定把金梭岛上的两个工地都停下来，有限的资金要去建农场。几乎是同时，我们在北京和四川的两个项目也都突然无疾而终。按理说，开公司的都会有一点危机意识，但这样的局面对于当时已经有点飘飘然的我来说真是一记耳光。同事们突然无事可做，我也尝到了发不出工资的苦涩焦灼。关键是让我决定来大理的三个项目都变得遥遥无期，而我还不得不在面对各种采访时强颜欢笑、镇定沉着，言之凿凿地把希望渲染得并不渺茫。

当然这样的窘境没有持续太久，整个2013年因为参加劳力士创艺推荐资助计划而带来的各种关注和媒体效应终于蔓延到了云南，酝酿出后来的既下山酒店和我们在普洱的一个私宅项目。从那以后，虽然也经历了一些起伏，但工作室的营生确实越来越从容。不过，嘉明关于金梭岛复工的承诺还是一拖再拖，直到2015年10月，双子客栈因为超过了新出台的关于宅基地建房的面积指标，被强行拆除了五分之二。而拆房那几天，我还在东京参加"间"画廊举办的"来自亚洲的日常展"的开幕活动，双子客栈的木结构模型就摆在整个展厅的入口。当时师父妹岛和世关切地问我这些项目的近况，我竟说不出口，勉强搪塞过去。虽然从2014年开始，已经出现了很多可喜的新局面，机会也越来越多，但在心底，我仍然做不到跟这三个起步的项目告别。

直到2016年元月，我们才终于建成了在大理的第一个完整的作品——竹庵。这离我们落地大理已经过去了三年半的时间。记得当时我带着冯仕达先生去参观还没有搬进家具的竹庵，他特别高兴，回来的路上突然跟我说："我觉得双子被拆是天意，竹庵才是你开宗明义的作品。"我当时听了简直不服气。我知道竹庵的好，但也真的希望那几年勇往直前的青春无悔得到承认。

其实回过头来看，我越来越能理解冯先生的话了。

这三个未完成的房子多少都可以看作当年尼洋河项目经验的延伸。虽然每一个房子的出发点都来自对场地的客观理解和对空间使用的具体想象，但这些思考的契机最终会被归纳和提炼成某种形式语言，而设计的后期，这种形式语言本身的抽象性和纯粹性会发展成某种执念。意图的清晰可辨、语言的尽善尽美在当时的我看来仍然是一个作品的力度所在。这种坚持带来的挣扎体现在海角屋面沉重的钢板，或者双子客栈抗风能力较差的板瓦屋面（因为没有筒瓦的配合，后来每个风季，总会有几片板瓦被狂风掀开），等等。其实陈宅最初的方案在形式上是比较松的，但它最终也还是被推向一个形式表达更为明确的方向。这大概有两方面的原因：首先，我仍然强烈地被"标准营造"的价值观所影响，在建筑语言上锤炼字句已经被张轲师父调教成了本能；其次，创业初期的我，内心急切地期待被认可，我太明白独立建筑师只能靠作品立身，我担心温和的形式会被埋没。其实在如此粗放的工地，对细节和系统的精确性如此较劲，说得好听是一种敬业和追求，但这背后难道就没有一点打着建筑学旗号的私心？"作品"这两个字，我还是看得太重了。其实建筑师首先要对情境负责，而不是对"作品"负责，如果我当时能放下建筑学的那点煞有介事，放下一部分对于"完美"作品的执念，以真正温和而开放的心态去面对大理风起云涌的现实，也许这三个房子早就生龙活虎地完成了。这对于陈蓉的生活，对于嘉明的事业，难道不是皆大欢喜的结果？而创造性会以更让我意外的方式自然呈现也未可知。可那几年，毕竟还是输给了年轻。

2019 年 3 月 于万圣书园

双子客栈

未完成

摄影：陈溯

从基地南侧岩坡看建筑　**摄影：陈溯**

毛石柱础　**摄影：陈溯**

铜皮包裹的檐口

俯瞰瓦屋面　摄影：雷坛坛

木构架和毛石墙体的咬合　摄影：陈溯

屋面构造应对三角形院落平面

摄影：雷坛坛

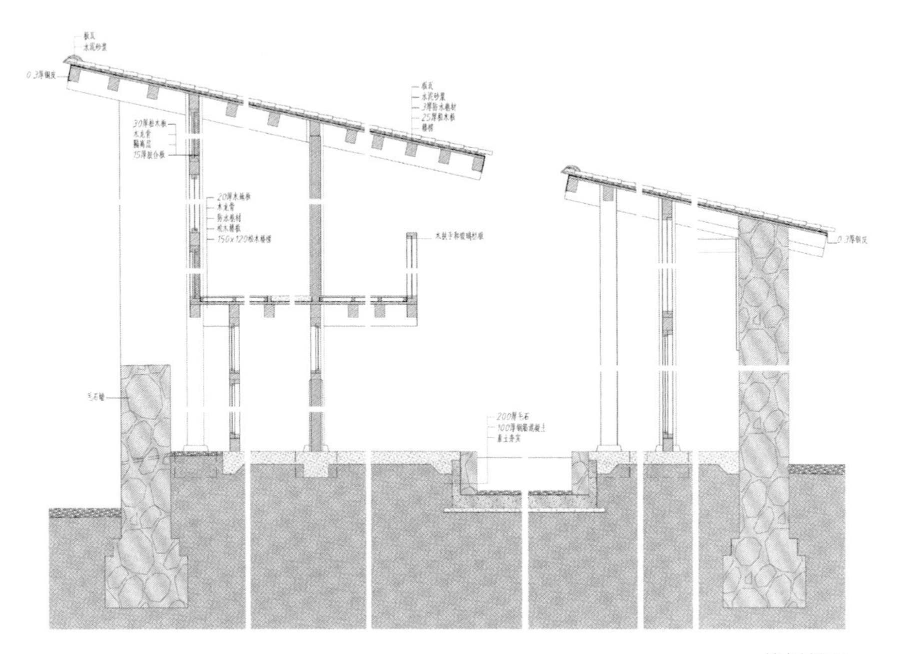

墙身剖面图

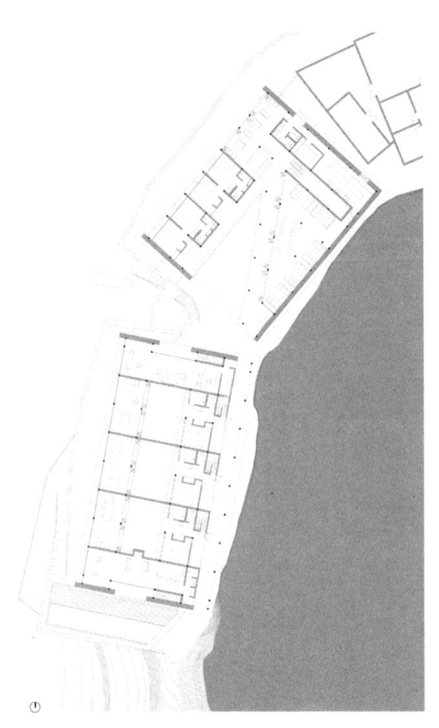

一层平面图

双子客栈

业主：大理山海岛城旅游开发有限公司

建筑师：赵扬建筑工作室

设计团队：赵扬、陈若凡、李烨、武州

建筑面积：1500 m²

结构形式：木结构

地理位置：中国云南省大理州金梭岛

设计阶段：2012.3—2013.6

施工阶段：2012.6—2013.12

摄影：Bert de Muynck

海角客栈

未完成

基地原始状态

内庭院效果图

土建完工后　摄影：Bert de Muynck

南立面效果图

青砖屋面　摄影：Bert de Muynck

钢结构框架限定的内庭院

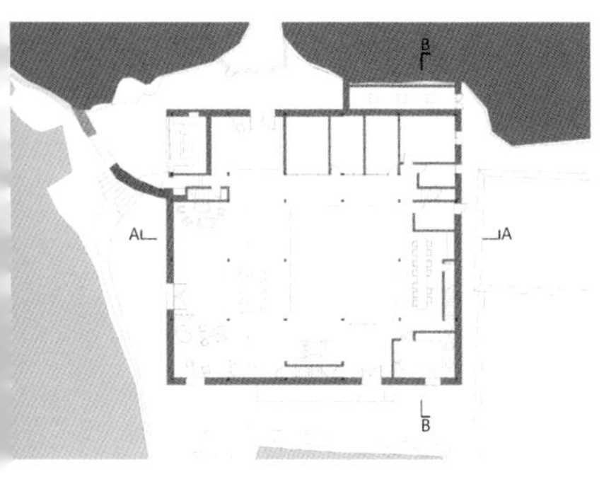

一层平面图

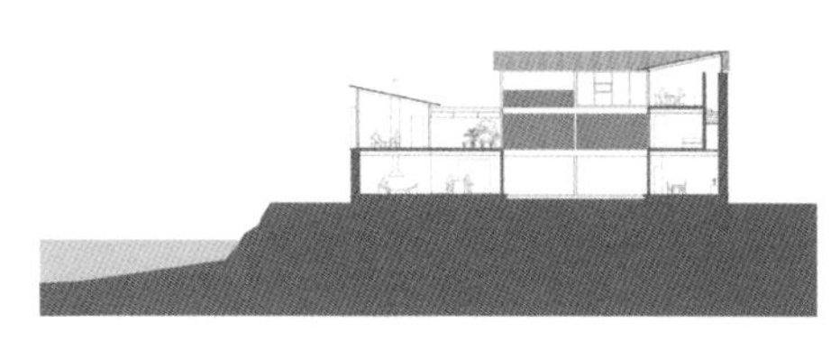

A–A 剖面图

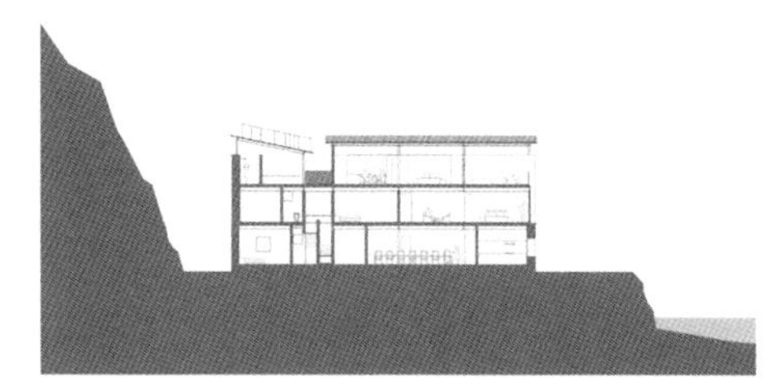

B–B 剖面图

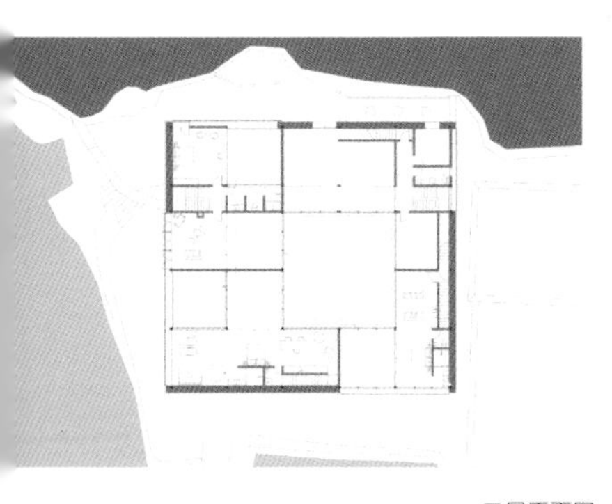

二层平面图

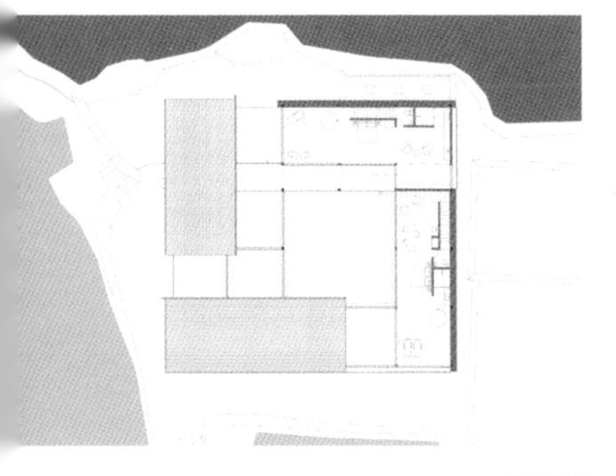

三层平面图

海角客栈

业主：大理山海岛城旅游开发有限公司

建筑师：赵扬建筑工作室

设计团队：赵扬、武州

基地面积：700 m^2

建筑面积：901 m^2

结构形式：钢框架结构

地理位置：中国云南省大理州金梭岛

设计阶段：2011—2012

施工阶段：2012—

摄影：水雁飞

双廊陈宅

未完成

起居室渲染图

实施方案模型

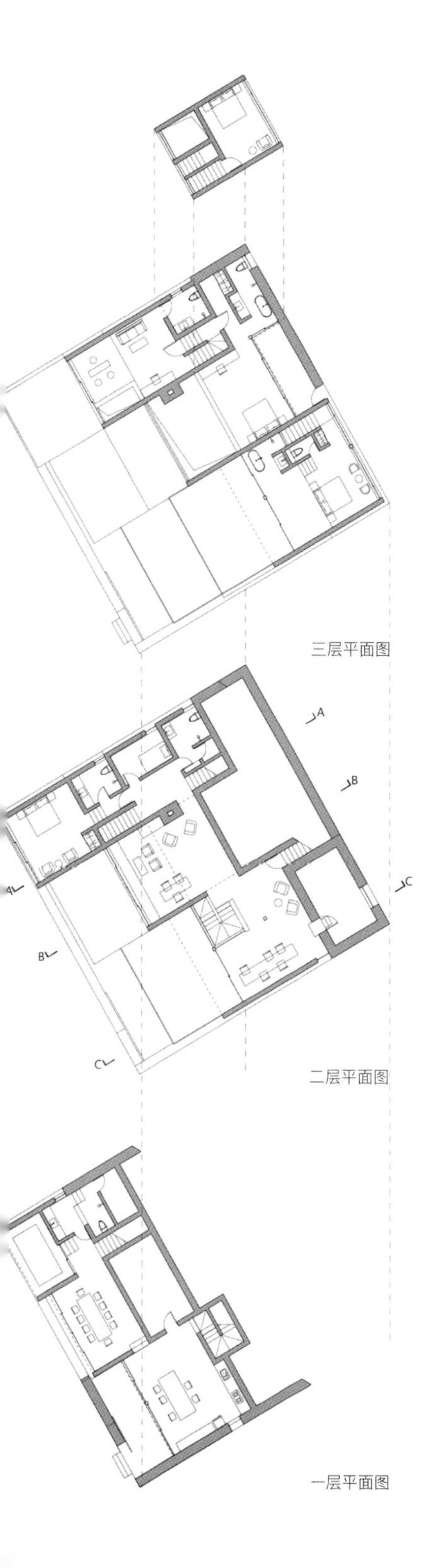

三层平面图

二层平面图

一层平面图

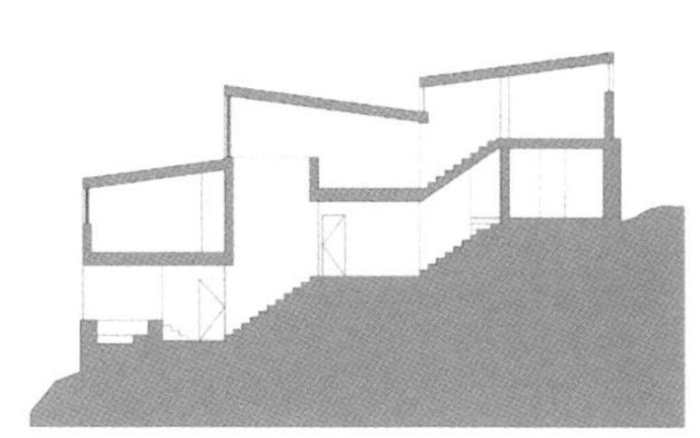

A–A 剖面图

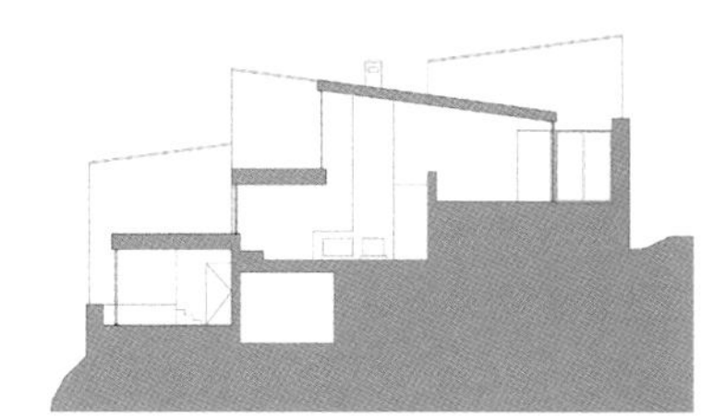

B–B 剖面图

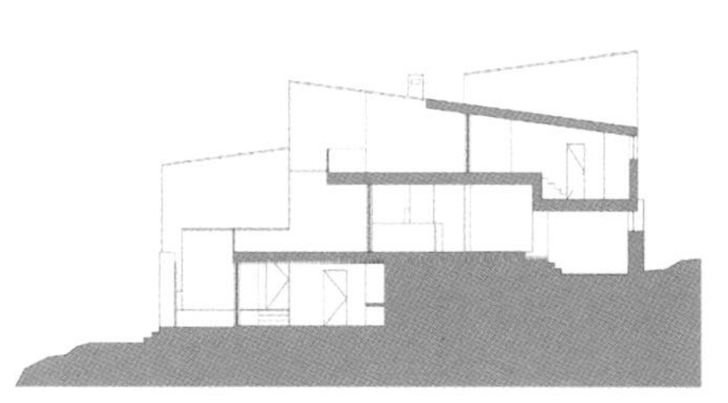

C–C 剖面图

双廊陈宅

业主：私人

建筑师：赵扬建筑工作室

设计团队：赵扬、武州、王典

结构工程师：胡强

基地面积：400 m^2

建筑面积：484 m^2

结构形式：钢框架结构

地理位置：中国云南省大理州双廊镇

设计阶段：2011.10—2012.9

施工阶段：2012.10—2015.1

二

“共有之家”与妹岛的门徒

2012年夏天，从美国搬到大理不到两个月，我就收到劳力士创艺推荐资助计划的来信，祝贺我被提名为首届劳力士建筑艺术的门徒候选人，导师已经确定为日本建筑师妹岛和世。

在各种奢侈品牌资助的文化艺术项目中，这个创立于2002年的资助计划算是独辟蹊径了。Mentor & Protégé，顾名思义就是“师父带徒弟”。这种晚辈和前辈一对一的碰撞是人类文明薪火相传的古老形式。这个计划不是对艺术家的直接资助，而是在全球化的背景下尝试一种文化传承和艺术交流的机制。建筑在2012年第一次被引入该计划，成为被资助的七个艺术门类（建筑、文学、音乐、戏剧、电影、舞蹈、视觉艺术）之一。

突如其来的机会与挑战

刚到大理的那几个月，我们何其狼狈，积蓄所剩无几，就盼着几个项目能早日建成，带我们走出困境。远离了建筑学的中心，远离了那些了解和支持我的人，偶尔还是会感到心虚。劳力士创艺推荐资助计划的意外邀请，简直像一道可以提前迎接的曙光。六年前的大理还是一个宁静僻远的角落，虽是自我放逐，但我还是很怀念跟世界联系在一起的感觉。我于是郑重其事地填写申请，还跑到金梭岛的海角项目工地上录了一段自我介绍的视频。后来提名我的韩国建筑师曹敏硕打趣说："你录视频的工地风实在太大了，我们根本听不清你在说什么，不过你说话那情形的表情好庄严，让我们相信你说的内容特别深刻，评审委员会就一致同意让你进决赛了。"所谓进入决赛，就是有资格去东京接受妹岛和世的面试。

和我一同闯入决赛的还有另外两位建筑师。卡米罗来自哥伦比亚，他那时候已经38岁了，在家乡博格达有很惊艳的公共建筑作品。另一位对手居然是我在哈佛大学同年级的同学——墨西哥女建筑师弗里达。记得当时很少在学校看见弗里达，后来听她回忆说哈佛那两年她因为各种项目机会老往回跑，虽然怠慢了学业，但作品颇有小成，时年32岁的她已经拿过纽约建筑师学会颁发的青年建筑师奖了。没想到刚毕业不久，我们就在东京狭路相逢。说是对手，其实也没啥好较量的，个体差异太大了，之前的作品各有各的生涩，还是看导师怎么拿捏吧。

赵扬与导师妹岛和世

后来熟了，妹岛才跟我解释说，当时挑徒弟也是在为"共有之家"（Home-for-all）项目选建筑师。即便是对东京的建筑师而言，日本的东北地区也是一个遥远而陌生的所在，需要一个善于沟通且性格比较强悍（tough）的人。面试的时候，我跟她聊起在大理刚起步的实践，她就觉得我应该能够应对很多未知的局面。而且中国的西南地区有不一样的气候和文化，如果未来那里也会有不一样的建筑项目出现，她是愿意帮忙的。

劳力士创艺推荐资助计划本来只要求师父花时间了解徒弟，尝试提点和启发，并没有要求我们真刀真枪地去盖房子，毕竟2012年11月我被确定为门徒时，离那一届资助计划结束只剩下不到一年时间了。但是妹岛坚持认为建筑作为一门手艺，不可能靠聊天来教授，她本来话就不多，也避谈理论；而且我已经是职业建筑师，再回到学校纸上谈兵的状态也不合情理。如果不从一个真实的建筑项目入手，她实在不知道该怎么教。于是她才提出请我参加“共有之家”项目的想法。虽然劳力士的这个计划原则上不资助任何具体项目，但鉴于“共有之家”属于慈善事业，所以才额外提供了十万欧元预算来盖这个小房子。妹岛还请回了她多年前的员工渡濑正记，作为本地建筑师来协调施工图和项目落地的工作。

“共有之家”是在2011年日本东北地区遭受地震和海啸灾害后，由建筑师伊东丰雄先生发起的社区重建计划。当时政府大规模的安置房建设虽然为每户灾民提供了基本的生活空间，但维系原有城市和村镇社区活动的公共空间没有临时的替代品。很多人都在灾害中失去了亲人和朋友，搬进兵营一样的板房隔间，无法排解悲伤和孤单的情绪。因此“共有之家”一般选址在安置房聚落附近，旨在为迁入临时社区的居民提供一个交流和聚会的场所。虽然都是只有三五十平方米的迷你建筑，但是每一个“共有之家”的设计都必须在建筑师和社区居民的讨论中完成。这是一个直面使用者和生活基本需求的设计过程。

伊东先生也是妹岛先生的授业恩师，在当代活跃的国际明星建筑师中，他算是非常罕见的不执着于个人风格且不断自我反省的前辈了。当时已年过七旬的伊东先生在很多场合批评空间至上主义和表皮主义的流行风气，强调建筑要回到体恤人情的本位，并毫不留情地拿自己之前的作品开刀。“共有之家”项目最初旨在帮助灾民，后来逐渐成为帮助和激励日本年轻建筑师的机制。当时参与“共有之家”计划的不仅包括已经很有声望的山本理显、藤本壮介、平田晃久等建筑师，还有大西麻贵等刚刚起步的年轻人。作为独立建筑师的伊东先生以一己之力来鞭策整个行业的思考，还不断提携后人，其胸襟和抱负令人钦佩。

往返于大理与气仙沼

同年 12 月底，师徒一行辗转到宫城县的气仙沼市为“共有之家”选址。气仙沼是日本东北部一个典型的渔港小城。那时离海啸过去已有一年多的时间，随处可见的大型工程机械还在废墟上默默地收拾残骸，背后留下大片平旷的荒原，像被格式化过的地景。偶有几棵挺过海啸的树孤零零地杵着，像是毫无根据的存在。几艘被巨浪裹挟上街的大铁船还没来得及解体，海空一色的萧条。

接待我们的社区代表高桥和志先生是高桥工业株式会社的掌门人。这家金属加工企业因为参与了仙台媒体中心的钢结构定制和施工，在日本建筑界算是赫赫有名。高桥和志把祖辈世代积累下来的造船技术用在建筑上，满足了不少特殊的金属结构和造型要求。妹岛在濑户内海犬岛上做的那个蛋壳形顶棚的亭子，就是跟他一起探讨施工方案，最后用铝板塑形做成的。高桥的车间离海不远，自然也没能逃过海啸。我们到访时，新的车

灾后开始恢复生机的大谷渔港

间已经在原址建成并开工，高桥先生也已经走出灾害带来的困境，还召回了当时刚刚在东京找到工作的儿子，全身心地投入到自家企业和家乡的重建工作中。

在高桥推荐的三个选址中，我们选择了一小块毗邻大谷渔港的高地，视野开阔，可以俯瞰整个渔港和海湾。这块场地并没有紧临灾民的集中安置地，而是更靠近渔民原来的居所。虽然政府的复兴规划要求新建的村落务必迁到海拔较高的山坡上，但是渔民的工作和生活还是习惯性地靠近海滨。即使是不需要出海打鱼的主妇，也经常会回到这些已被夷为平地的“家园”，寄托回忆和念想。

我之前的设计都是在大理做的。这一次机会难得，压力也不言而喻：那时还没有中国本土建筑师在日本盖房子的先例。作为业主代表的高桥和志也算行家里手；妹岛虽然可以帮我化解一些沟通上的障碍，但要做出让她点头的设计，我也只能放手一搏。一个规模微不足道的小房子，却让整个工作室如临大敌，烹小鲜如治大国。

我们前前后后做了不下十个方案，其中正式提交给妹岛并带到气仙沼跟社区居民讨论的方案只有五个。因为妹岛是只看图纸和实体模型的，我们特意把模型做得很精，方案阶段都是1∶50，到方案深化和施工图阶段就逐渐放大到1∶30和1∶20。最开始的方案是发邮件给她看的，但她的回复用词简省，再通过助理翻译成英文，更是模棱两可，这让我们忐忑了好几回。后来接触得多了，才明白不必如此紧张，妹岛并没有为徒弟预设任何标准，她只是在过程中尝试去理解我的思路，通过模型了解设计本身，然后直言不讳地告诉我她的感受，并指出她看到的缺陷和可能。至于方案的取舍，她更愿意交给当地居民去决定，毕竟这才是“共有之家”计划的本意。

气仙沼的僻远程度和当时的大理有得一拼。每次去日本沟通方案，先是经昆明飞到北京或上海，第二天中午才能辗转到东京，下午或者晚上赶去SANAA[1]先跟妹岛先生开会，第三天再起个大早搭乘新干线到一之关市，然后再租车兼程两小时，到气仙沼已是中午了，就直接开到渔港附近的拉面馆跟高桥会合，吃一碗用当地海鲜调制汤汁的气仙沼拉面，算是接风。一杯咖啡后打起精神就赶去临时准备的会议室，参加方案讨论会的社区居民已经等在那里了。每次会议大约两三个小时，会议一结束，就得往回赶，回到东京早已入夜，还要再去SANAA开会讨论下一步的安排。

第一次带着三个方案模型回气仙沼是2月中旬，当时到会的居民代表是高桥邀来的几位渔夫。渔夫不懂英语，我也不懂日语，就靠渡濑君磕磕绊绊地来回翻译，我才逐渐参与到他们的交谈中，解答具体问题。设计的意图在他们的想象中逐渐明朗，拘谨的氛围才有所缓和，到后来就谈笑风生了。这些日本人比我想象的还要

[1] SANAA，日本的建筑师事务所，由妹岛和世和西泽立卫主理。

客气，当他们理解到设计中的处处用心，也慷慨地回馈以感激和赞许。

讨论围绕具体的使用进行。比如针对方案一和方案三中比较多的室内空间，他们解释，在日本的东北地区，人们其实不太怕冷，在天气好的时候更喜欢室内外的通透；尤其是渔民，恶劣的天气条件是家常便饭；主妇们也都整天干活，没有娇气的。因此希望我们在预算不变的条件下减小室内空间面积，扩大屋顶覆盖的室外空间，也就是“掾侧”（日语读音 engawa）。“掾侧”是日本传统木结构建筑朝向室外庭园的檐廊，在日本文化中的分量就好比四合院在中国文化里的分量，都是和文化基因长在一起的空间类型，“掾侧”区别于荫翳的室内，面对着庭园里四季更迭的景致，舒适而敞亮。屋檐下的日本确有小津电影里温馨的岁月静好，我只是没想到“掾侧”在寒冷的日本东北仍然适用。

方案一

方案三

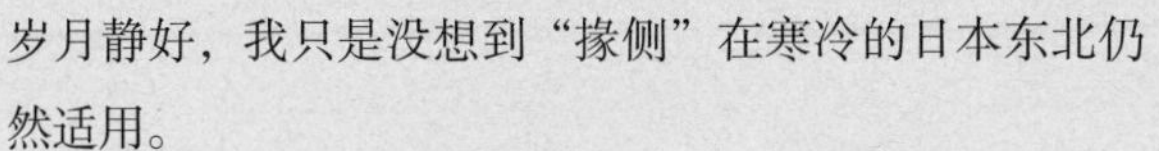

会后，高桥突然问我能不能把“共有之家”移到渔港岸边。那时候，气仙沼百废待兴，各个区域的修复计划也是逐步形成的，开会的前几天，大谷渔港的复兴计划才被排上日程。渔港边本来有一个简陋的临时建筑，是渔民休息聊天的场所，当然也被海啸卷走了；现在渔港就要重新启用，他们自然想到把“共有之家”放在这里更为实用。两个多月前第一次来气仙沼选地的时候，渔港边这个位置就是众望所归，但那时候整个渔港的复兴计划遥遥无期，退而求其次才选了不远处的高地。现在方案已经做了两个月，又要更换场地，作为业主代表的高桥表示很愧疚，我反倒喜形于色了。其实和上面那块长了樱花树的高地比起来，渔港是一个更接地气的所在。大谷地区的渔民每天从这里出海、归来，主妇们在这里家长里短、迎来送往，接驳忙碌的日常。将“共有之家”移到这里，会成为这个社区真正的中心，成为不折不扣的生活必需品，这的确是更有意义的。我于是满口答应下来，回到东京跟妹岛汇报了这个变数。她也感到很兴奋，只是觉得我们时间本就有限，这样一折腾，更要辛苦了。

带着意见回国，又经过一个多月的设计调整，4月初带着两个新方案回到日本，东京已是落樱缤纷。据说第一次会议给他们留下了良好的印象，因此第二次的会议多出了十几位居民。信任感是可以从表情中读到的，这次会议由妹岛亲自翻译。有师父在，我汇报时也平添了几分底气。为了推销方案五，我还用电影截屏片段跟他们一起回顾了动画片《龙猫》的开头部分，来表达设计中对日本居住建筑的理解。在不到十分钟的动画中，宫崎骏通过姐妹两人的“历险”完成了对一栋被荒置的乡村住宅的探索。日本传统建筑的典型空间类型：土间（没有木地板的厨房）、畳（榻榻米）、掾侧、屋根里（阁楼）……都生动地呈现出来。这些动画场景是日本几代人的挚爱，我也能从他们的频频点头和微笑中读到认同。

这次带去的两个方案都主动回应了“掾侧”空间的问题。方案四是在一个小房间外罩上一个用耐候钢板焊成的壳子。这个铁壳在几个方向开洞，有的作为进出的入口，有的用作框景并加强通风口。被铁壳覆盖的空间可以用作渔市或用来聚会。小房间和壳子之间做成抬起的木地板，形成三面的“掾侧”。在气候凛冽的海边，这个铁壳子的姿态会显得稳定而有庇护感。（通过旋转楼梯爬上小房间的屋顶，其高度可以越过渔港的防波堤看到远

方案四

处的太平洋。当时我们在大理设计金梭岛上的双子客栈，看海的冲动几乎是条件反射。但渔民们不领情，毕竟他们是每天看海看到麻木的。）

方案五

方案五剖面模型

方案五用厨房、卫生间和一个通往阁楼的楼梯间支撑一个大屋顶，因此形成一个多用途的半室外空间。他们大多觉得这个方案很可爱，只是提出地面和周围室外地面做平，檐口要高于2.5米，以满足叉车的进入，渔民就可以用这个空间当临时渔市卖新鲜的海产了。我自以为是亮点的“屋根里”，他们却认为不实用，因为大家在渔港附近活动都不想脱鞋子，爬阁楼是很不方便的；但他们很喜欢方案中出现的天窗，因为渔民虽然不爱看海，但喜欢看星空。不过一旦去掉这个阁楼空间，这个方案就显得牵强了。再加上妹岛在现场提醒我，她感觉这个坡屋顶的形式和外部空间有些冲突。我大概也能意会得到，屋顶的坡面和吊顶的水平面形成的锐利角度，在接近时会觉得不舒服。妹岛的建筑虽然也很抽象，但她特别在意每个细节给人的感受。

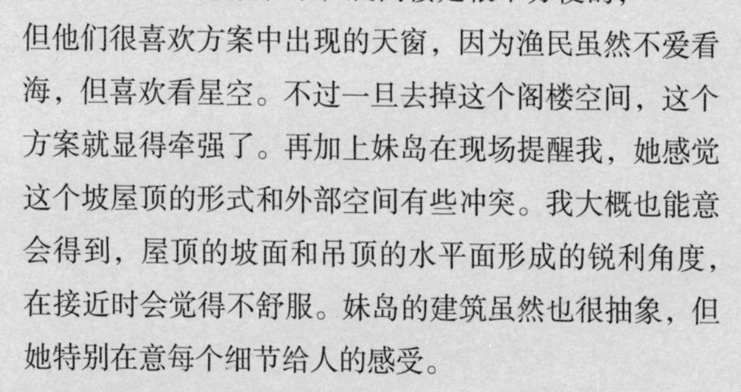

两次会议都没有当地的妇女代表出席，这让我有些失望。毕竟在想象中，家庭主妇们会在这个建筑里喝着茶等待出海打鱼的丈夫们，因此很想听到她们的意见。高桥解释说她们即使来了，也不怎么说话的。但她们在家里往往很有主见，这些到会的丈夫会把图纸带回家去。下次开会，很可能还是没有妇女到场，但是她们的意见也会得到体现。

在日本，大大小小的公共建筑项目都要经历若干次工作坊（workshop）活动——让建筑师直接面对未来使用建筑的公众。这一制度的前提是彼此的真诚和尊重。建筑师悉心倾听使用者的意见，观察他们对设计细节的反

工作坊

应，也不会摆出专业的架子；老百姓也非常尊重建筑师，提意见都很客气，不太会越俎代庖地告诉建筑师一定要怎么改。经过这样的良性互动，让设计在一个开放的平台上推进，建筑和真实的生活才能衔接得更自然一些。

开完会回到东京，第二天，我们在SANAA跟结构工程师浜田英明见面了。文质彬彬的浜田君已跟随著名结构工程师佐佐木睦朗工作了七年，参与过SANAA好几个重要项目。当时他刚刚接受了东京法政大学的工程学教职，也打算成立自己的结构设计工作室，于是妹岛就把这个“共有之家”作为第一个项目对接给他。浜田已经看过我们的几轮方案，他表示特别喜欢方案四的铁壳子，并从他那收纳得无懈可击的文具袋里取出铅笔，在剖面图上把支撑肋板的布置画给我看。这时候我反倒踌躇了，我开始担心铁壳子里面的空间氛围有点像谷仓或者作坊，而不太有家的感觉。虽然这个港口是渔业活动的中心，主要是一个忙碌的工作场所，但我还是觉得作为“共有之家”，它应该有更温暖的感觉。

虽然第二次的方案交流会开得皆大欢喜，当地居民的要求和场地或显或隐的限制条件都比较明朗了，但我很清楚这次带去的方案四和方案五都有硬伤，继续发展下去会很牵强。于是把之前做的若干方案模型都摊开来，重新审视，突然觉得将第一轮设计的方案三移到渔港来其实更为贴切。

Primitive Hut

方案三的灵感来自一张描绘美国印第安部落生活的油画，画中的帐篷用一个四边形的木框架作为结构，一圈落地的檩条在顶部攒尖形成一个圆锥形的内部空间，锥顶没有皮草遮盖，光线由此注入，帐篷内的中心燃起篝火，炊烟也从顶部的开口对流排出，部落成员都席地向心而坐。这其乐融融的氛围几乎就是一个印第安版本的“共有之家”！我们于是把厨房、卫生间和一个铺设榻榻米的和室在平面上摆成向心的格局，这三个功能之间形成对外的开口，三个房间的单坡屋顶像帐篷一样会聚到空间的中心，自然攒出一个三角形的天窗。当时我们还不太了解渔民对气候的感受，于是把所有的开口都用玻璃推拉门封闭了。现在，经过两次的方案交流会，终于成竹在胸，方案的调整也一气呵成。

调整后的方案三只把厨房和卫生间设定为室内，那个榻榻米的和室也改成了一个铺设木地板的“掾侧”空间。顶部的三角形天窗拿掉玻璃，变成一个天井。这样整个空间里里外外的气候感受就完全符合渔民的需求了。从结构上看，三个独立“房间”的侧墙正好对应屋顶的几何转折，墙体的位置分配也均匀地承托着屋顶，因为互成角度，也可以有效地抵抗地震形成的侧向力。墙体朝内的一边向上倾斜，其轮廓可以呼应穹顶转折处的斜线，在内部形成让人意外的空间感。挑空的地板也顺势多出一个长凳的深度，在这里，人们可以面对空间的中心对坐交谈，在穹顶的庇护下，眺望远方，或者透过斜上方的天井，凝视三角形的天空。

我们是用很薄的白卡板来完成方案三的模型的。这时候，屋顶和墙面形成的几何状态让我联想起日本民间的折纸艺术，我于是设想能否像玩七巧板一样，用整块的钢板把房子拼接出来，让屋顶和墙面薄得像纸片一样。浜田君看到这个新的构思也很兴奋，但他告诉我即使用钢板，最终的效果也不会像我想象的那么简洁，因为所有的钢板都需要肋板支撑。不过他很喜欢这个方案内部的体验，于是建议把肋板都朝向室外，肋板之间填

白卡板模型

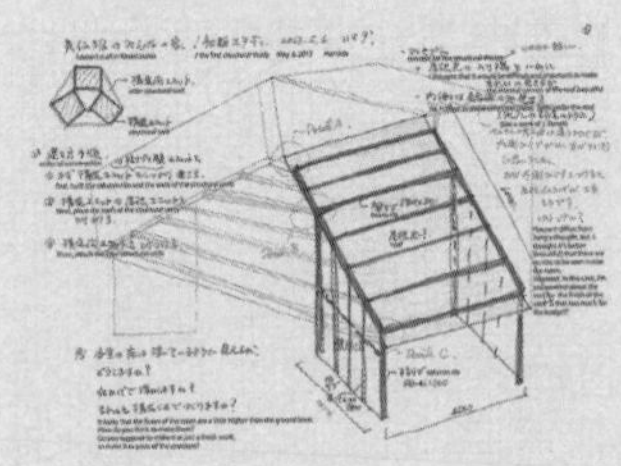

结构工程师用于沟通的草图

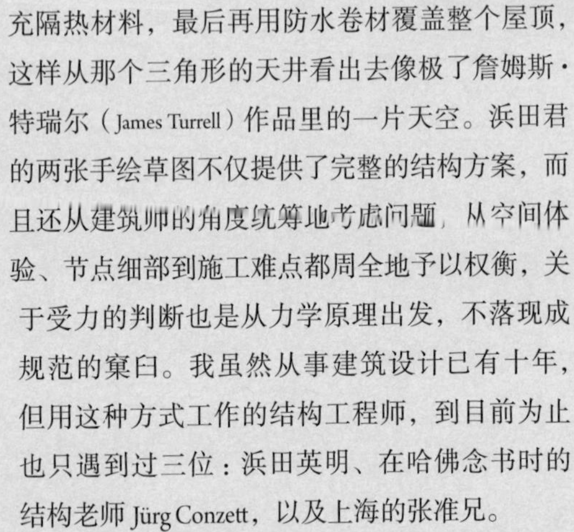

充隔热材料，最后再用防水卷材覆盖整个屋顶，这样从那个三角形的天井看出去像极了詹姆斯·特瑞尔（James Turrell）作品里的一片天空。浜田君的两张手绘草图不仅提供了完整的结构方案，而且还从建筑师的角度统筹地考虑问题，从空间体验、节点细部到施工难点都周全地予以权衡，关于受力的判断也是从力学原理出发，不落现成规范的窠臼。我虽然从事建筑设计已有十年，但用这种方式工作的结构工程师，到目前为止也只遇到过三位：浜田英明、在哈佛念书时的结构老师 Jürg Conzett，以及上海的张准兄。

预定的开工时间所剩无多，我又突然换方案，事不宜迟，5 月 19 日，我又带着一个 1∶20 的模型飞回东京，希望马上得到妹岛的认可。妹岛照例开始围着模型转，上上下下、里里外外地打量起来，偶尔还用手掌在模型上比画，像是画着虚拟的草图。她突然抬起头来，表情有点为难，欲言又止，突然又低下头去，凑近观看。我亦步亦趋，将她看过的角度一一尝试，也没看出什么名堂来，倒是越来越忐忑了。终于，她指着檐口处说："这个方案几乎是不错了，就是入口处几个角落的空间不舒服。"

回过头来看，这不难理解。因为这个方案的穹顶是由三个矩形和三个三角形交替拼接而成的。三角形底边的两个角被挤压成很尖的锐角，而这锐角紧贴墙面，使得这个角落空间非常逼仄，就像是被整个设计放弃的部分。后来我们把穹顶的三个矩形面调整成梯形，这样就把之前被压迫的几个角松开了，整个穹顶下的空间才感觉更像一个整体。第二天我跟渡濑君在 SANAA 一起把调整了屋顶形状和角度的方案做成模型让妹岛过目，她

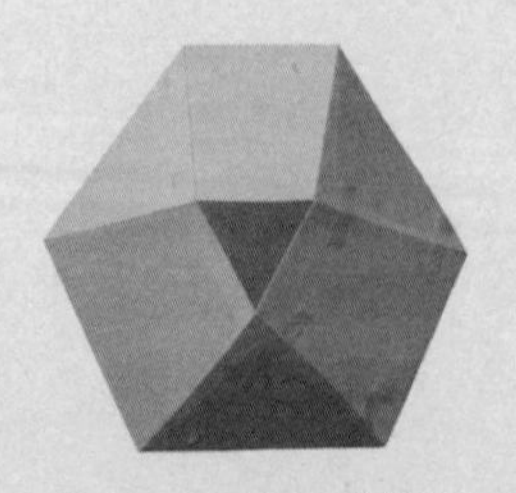

在 SANAA 修改方案后的模型

终于眉开眼笑，这才同意一起去气仙沼跟当地居民把最终方案确定下来。

5月22号是最后一次工作坊活动，当时“共有之家”的筹备工作引起当地社区越来越多的关注，之前在安置房临时准备的会议室已经容不下报名参加的当地居民了，于是将会议移到当地小学礼堂举行。一个100平方米的“共有之家”，方案反反复复了将近半年，过程模型堆满一大桌，到最后方案长啥样似乎已经不重要了，团队的诚意和努力赢得了整个社区的信任。高桥虽然觉得我两周前突然换方案是瞎折腾，颇有不满，但还是同意了承接“共有之家”钢结构部分的定制和施工。

那时候，施工总承包已经确定为铁建建设株式会社的东北支店，曾经在仙台媒体中心担任工地总负责的老先生村越武藏主动请缨，要来负责这个“共有之家”的总包工作，作为他退休前的最后一个作品。渡濑君后来跟我感叹，这么小的房子，阵容如此豪华，在日本也算大开眼界了。

接下来的两个月就是绘制施工图和具体落实建造方案的阶段了。各方通信非常密集，高桥首先提出全钢板建造方案不成立。因为即使是耐候钢板，接地的部分也经不起每天被清洗渔具的海水冲刷浸泡。他劝我们在接地的部分用钢筋混凝土或者木结构，屋顶部分可以用钢框架或者更轻质的材料。他是对的，全钢板结构不仅耐久性有问题，而且只是做完结构就超预算两倍了，我们不得不寻找更接地气的建造方法。我们先后尝试了木结构、钢木混合结构、蜂窝铝板结构等，先是在大理用模型验证效果，再交给浜田君验证结构可行性，最后由村越先生做预算，很多努力都是为了把预算控制在十万欧元以内。最终确定了用钢筋混凝土做支撑墙体，用钢框架结构完成穹顶屋面，并用胶合木板来封闭吊顶的做法。

这两个月渡濑君是最辛苦的，因为施工图的标注必须是日语，而且要符合日本建筑工业的各种标准，我除了用草图跟他讨论节点做法以外，实在爱莫能助。渡濑君除了绘制全套施工图，还要往返于东京和气仙沼，对接当地政府完成项目的报建工作，并跟村越先生和高桥先生对接分包商的深化图纸，而且为了节省成本，还要跟建材品牌 Lixil 化缘，让他们免费提供了门窗和洁具系统。

7 月 19 日，风和日丽，“共有之家”奠基。工地旁搭出一个临时神社，大家按照日本的传统完成了镇地祭的各种仪轨，我们都以为可以松口气了。哪知道刚回大理，妹岛就发邮件要我把平面图缩小放到渔港范围的总平面图里再发给她看，随后提醒我房子应该原地旋转一个角度，让那个“掾侧”空间正对渔港，并和远处的防波堤平行。我揣摩良久，才意会到这个动作的意义。这个房子几乎可以说是中心对称、自成一统的格局，设计的出发点更多是对内部的考虑，和外部环境的联系相对微弱，我本来想象的是这个房子是不经意放置在渔港岸边的，和周边没有明确的对位关系；如果按照妹岛的提议，端坐在“掾侧”屋檐下的人们将会正对海面，而防波堤是中景里最有分量的存在，它暗示着背后的太平洋，如果房子的向度和它联系起来，也就跟一个更大尺度的场景联系起来了。这感受一点也不抽象，旋转 30 度后，整个房子就稳稳地趴在水边，守望着大海了。

前缘

记得2006年去荷兰造访阿尔梅勒，那真是一个非常乐意纵容建筑师的新城。满街的新建筑似乎都被很用力地设计过，不过当所有自以为是的立面拼成一个街区甚至一座城市时，就显得滑稽以至于可憎了。在各种争先恐后的建筑表情中，突兀地出现了几个混凝土挂板和大片玻璃构成的平静体块，不着痕迹地摆放在人工湖岸边，那种感受就像整个意识从一幕幕肥皂剧中被拉回到现实。说它漫不经心，却又工工整整；说它处心积虑，却没有一丝讨好和谄媚，而我深深地被它的存在吸引了。一问才知道是SANAA刚落成的文化中心项目。当时脑补了一下这个设计的路数竟可以毫无表演性，无非是从功能出发落实空间布局，经营各部分空间的特点和平衡，从感受出发推敲外立面玻璃的透明度和反射率。混凝土挂板因为雨水蒸发快慢的不同而自然斑驳，衬托着云淡风轻，不温不火，不卑不亢。

还记得2008年，在“标准营造”，我刚刚完成职业生涯的第一个房子，有了些许成就感，但又若有所失地不知道前途如何。有一天在家里上网，突然看见SANAA刚刚在纽约完成的新当代艺术博物馆（New Museum），一种望尘莫及的自惭形秽涌上心头，那几个单纯的白盒子摞在一起怎么就有了妩媚和婀娜呢？怎么就能这样理直气壮地轻盈和轻松呢？虽然这个房子和哈佛没有半点关系，但它立在曼哈顿下城的样子就像一座建筑学的自由女神像，我是在那一刻坚定了去美利坚的决心。

还记得2011年哈佛的春季学期，莫森院长安排了一个叫作“新纯真”（New Innocence）的系列讲座，邀请了包括伊东丰雄在内的三代日本建筑师，SANAA赫然在列。当时妹岛和西泽立卫讲座的题目叫作《作为环境的建筑》(*Architecture as Environment*)。记得妹岛讲话特别平静，描述项目用的也都是很客观的语言，一点不煽情，也不神秘，却让人觉得信服。她的工作看上去无非就是从人类生活的各种需求出发，把建筑当作里里外外的各种环境去观照，并没有彰显作为作品的建筑物自身，更没有用建筑去述说概念。她当时说话的那种坦然就好像设计自古以来就是这样，她也并不是多么了不起的人物。那个学期，我参加的课程设计是巴黎郊外萨克莱高地的大学校园设计，我跟李烨合作。按照课程要求，我们需要把校园中规划出来的活动中心深化到建筑深度，但是尝试了几个方向，都觉得心虚。课程设计是每学期最核心的训练，那时候我们听讲座都怀揣着各自的困惑和不安，听妹岛介绍设计构思的时候，她的态度自然会照到我的痛处，让我越发觉得光明，甚至激动得有点坐不住要上楼画图了。我还清晰地记得，当时听完讲座，迎头碰上李烨，他也两眼放光。两个建筑愣头青的虚火被扑灭，很有默契地点点头，说那就翻方案吧。后来这个课程设计也就越来越顺理成章。虽然只是浅尝辄止学了点皮毛，但这件事和当时在学校遇到的其他几件事化合在一起，才有了我后来比较坚定的实践立场。

回味

气仙沼市“共有之家”终于建成了，十月底我们一起回到大谷渔港参加房子的交接仪式。在日本，每件东西都是有主人的，换句话说，每件东西都得有人照看。经过讨论，“共有之家”的所有权平均分配给了当地的

从海堤看共有之家

15户人家，他们会负责房子的日常维护并承担特殊情况下可能产生的税费等。阳光下的“共有之家”神采奕奕，妹岛那天非常开心，但还是没忍住跟我抱怨说吊顶的胶合板（日本桧木木皮）还可以排布得更讲究些。交接仪式非常隆重，群情激昂，玛汀还有高桥、妹岛以及我都发表了感言。当地渔民还表演了民间舞蹈。老老少少，笑逐颜开。我深感自己真是三生有幸，虽然我们是在援助大谷地区受灾的渔民，但我很清楚，所有的这些努力也是在成全一个初出茅庐的建筑师。而将近一年的整个过程中，所有的人，高桥、渡濑、浜田、村越、玛汀、妹岛，还有我在大理的团队，都是如此的全心全意。那一年，建筑是第一次列入资助计划，劳力士方面动用了庞大的媒体资源来扩大其影响，“共有之家”的项目过程中一直伴随着各种采访和媒体活动，我也因此受到前所未有的关注。夜深人静时我也问过自己，手头这个“共有之家”来来回回的设计有多少是为当地灾民着想，又有多少是明修栈道、暗度陈仓来满足自己作为建筑师的虚荣和野心呢？我的结论是，心魔一直在，但感谢状上“诚心诚意”四个字还是问心无愧的。

后来妹岛也屡次跟我提及她对这个“共有之家”的喜爱，她觉得这是一个贴切的房子。的确，在远山的轮廓和背后渔村坡屋顶民居的映衬下，它显得平和、安稳，却又有一种遗世独立的气质。主体结构的通透性向整个渔港呈现出开放与欢迎的姿态，进入这个空间，胶合板覆盖的穹顶又营造出温暖而有庇护感的氛围。抬头仰望，定格成三角形的天空，像是对大自然的顶礼。夜晚，墙头射灯打向穹顶，建筑内部透出暖暖的光晕，像座灯塔，守望着出海归来的渔民。

我自己往往动容于日常的诗意，而很难把感动寄托于纯粹美学化和仪式化的场景。最开始在方案一里想象的春风和煦、樱花绚烂，屋檐下和服翩翩的画面其实就是对使用的一个美学投射，作为一个建筑的出发点，是经不起推敲的。触景生情的真实感动往往发生在日常不经意的“一期一会”。美是潜伏在日常里的，偶尔从一个立体的现实中折射出来，我们心领神会了，这个美才被实现。这不是单靠一个建筑场景就能敷衍的。更多的时候，建筑只是静静地融入人世的风景里，好像没有被现代人类的建筑学目光观照过一样，遗憾的是这样素净的房子在当代世界越来越罕见了。当代建筑往往用形式语言把建筑孤立出来再去跟现实对话，而不晓得要把建筑化入现实中去观照整体，真是舍本逐末了。时下大部分时髦的建筑都是靠照片博人眼球，亲赴现场反倒令人失望、疲劳，甚至反感，就是这个道理。

妹岛当时看了方案一，说她感觉“a bit formal”，意思是“有点形式化”，这个词我参到今天，才大概明白她的所感和所指。又回想起十几年前翻阅一本亚洲三国（韩国、日本和中国）建筑的册子，房子已经记不起来了，但对三国迥异的建筑摄影风格印象尤深。韩国的建筑都是摆拍，照片就是为了完成一个以建筑为中心的构图，任何有违标准光滑审美的事物都被仔细地扫除掉了，建筑总是长在它的现实里的，但照片里整个现实都能被建筑暗示的审美格式化，实在令人咋舌；中国的建筑摄影原意大概也是摆拍，但是我国世俗景观元气太足，镜头很难取舍，画面到处穿帮，窘态可掬；相形之下，让我动容的是日本的建筑摄影。住宅的室内，锅碗瓢盆、鞋帽衣袜都坦坦荡荡有个地方，建筑无非是合情合理地给它们一个安排。东西多了，画面固然乱，但透出生活的踏实静气。幼儿园里面就是有孩子到处跑，各种淘气配合着或者挑战着建筑师的预设，这些内容都在画面里流动着。建筑在生活中退成一个背景，成全了生活，也不觉得被埋没，这反倒让人心安。

日本的建筑传统最可贵之处，我看不是其风格，而是长在这个文化中的建筑师不用教就知道建筑在这人世中的分量，这是他们在成功引入了西方建筑学后，一直可以与之分庭抗礼的一大家底。但这个传统貌似也遇到了危机。三年前去东京参加“间”画廊（Gallery MA）“来自亚洲的日常”展，跟一同参展的80后东京建筑师大西麻贵聊天。和大多数同龄人相比，她职业生涯的开篇算是顺风顺水，然而她竟问我，她的建筑是不是有点太“日本青年建筑师”了。原来作为业界良心的伊东丰雄先生这些年经常用这个词来批评日本年轻一代，以至于这个词在东京几乎成了一个梗。其实这个批评真正的指向是日本年轻一代作品中比较普遍的空间至上主义和形式游戏的倾向。如筱原一男、竹原义二等老一辈建筑师深植于日常和传统的那种微妙隽永和难以言表的复杂含蓄，在当代日本好像是有些式微了。更让我诧异的是，SANAA 最近的好几个项目也稍有被形式企图绑架的感觉，结构显得有些费劲，构造也有些不合情理。就此收笔，下回去东京再跟师父请教吧。

2018 年 2 月 于大理“山水间”

共有之家

2013.11

摄影：雷坛坛

摄影：Hisao Suzuki

接过“感谢状” 摄影：Hisao Suzuki

建筑完工时渔港场地尚未修复完工　摄影：雷坛坛

TP+1.8m

摄影：雷坛坛

交接仪式上的表演　摄影：雷坛坛

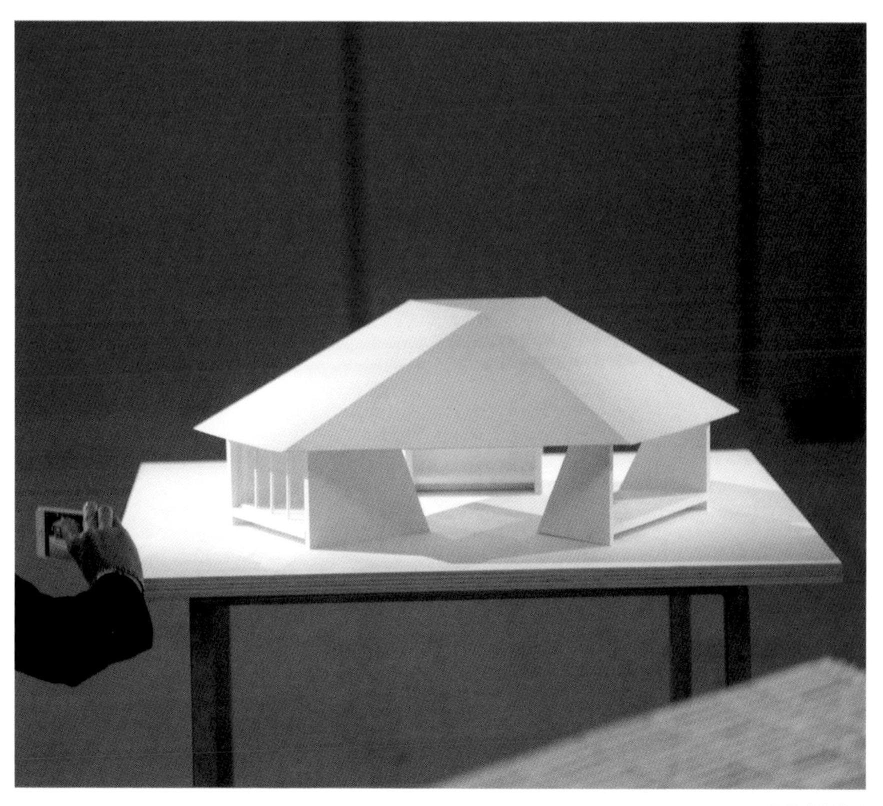

展览中的模型

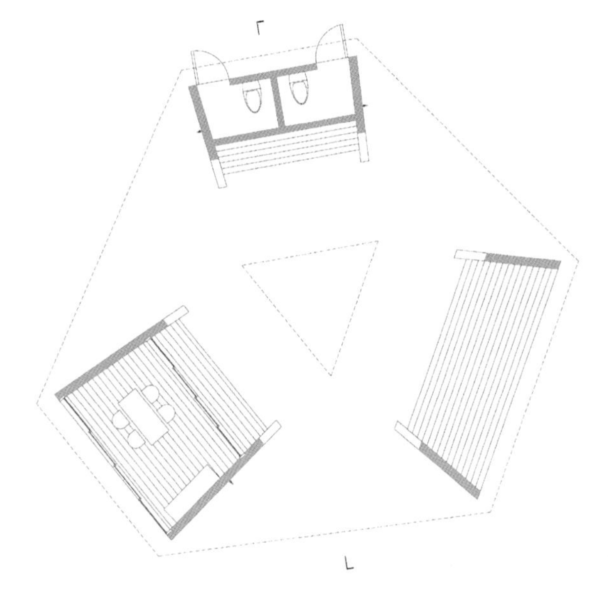

平面图

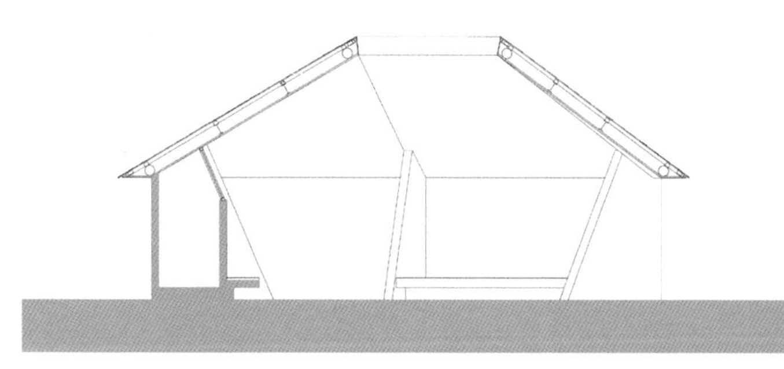

剖面图

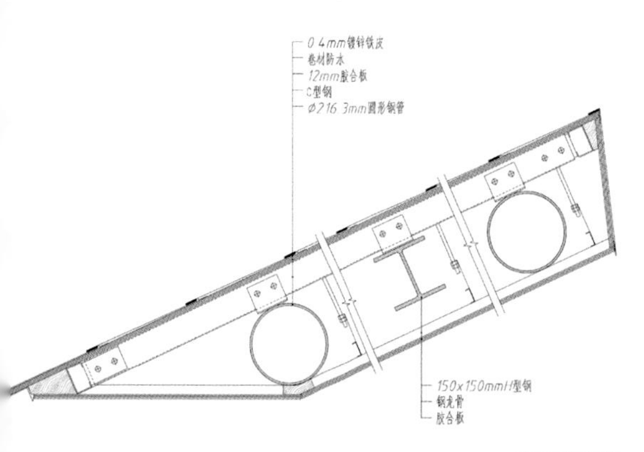

屋面构造详图

气仙沼共有之家

业主：日本宫城县气仙沼市大谷地区居民

设计指导：妹岛和世

设计团队：赵扬、渡濑正记、陈若凡、武州

结构工程师：浜田英明

结构形式：钢筋混凝土承重墙＋钢桩架屋

基地面积：419.21 m²

建筑面积：93.45 m²

地理位置：日本宫城县气仙沼市

设计阶段：2012.12—2013.6

施工阶段：2013.6—2013.11

三

喜洲竹庵记

2014 年夏天，我们工作室搬到了苍山脚下的“山水间”，与老朋友王郢比邻而居。不久，王郢将蒙中、文一夫妇介绍来工作室，说他们想在喜洲盖个房子居住，房子以蒙中的书房名“竹庵”命名。

蒙中夫妇皆毕业于四川美术学院。蒙中自幼迷恋书画，对传统文化和艺术有着浓厚的兴趣。毕业后曾在出版社做过几年艺术类的图书编辑，后来辞职专注于书画创作，是位颇有知名度的青年书画家。女主人文一学的是设计专业，之前从事平面设计与室内软装设计。定居大理是他们的共同理想。当天场地踏勘后，去他们暂居的客栈喝茶，蒙中将他的书画作品集《笔墨旧约》和散文随笔集《银锭桥西的月色》赠我。书画集里的书画雅致纯正，功底深厚。他仿佛是位从古代穿越而来的人物。随笔集里除了有关书画的分享和对行走的记录以外，其中有部分写到嘉陵江边的童年往事，就像发生在昨天，将我一下带回到童年时光，我们都是重庆人，因此读来更觉亲近。

竹庵选址在喜洲镇一个古老村落的尽头，背靠苍山，面朝大片开阔田野，占地一亩二分。虽然没有“方宅十余亩，草屋八九间”的气派，但在这样的位置，用将近800平方米的地来盖个小院，在时下的中国也是件颇任性的事情。

蒙中夫妇对生活的热爱，从他们重庆居所的照片便能充分感觉到。他们暂居的客栈里挂着明代佚名画家的《米公洗砚图》。画中人端坐于室外庭院竹榻上，烹茶洗砚，焚香读书，林泉秀美，琴鹤悠然。因为这种古典情结，他们想完全按照理想的生活，在这一亩二分地做一个属于自己的“园子”。

作为建筑师，我自己对于中国传统园林的认识大概只限于书本知识和空间体验的浅尝。园林建筑这个壳，它的魅力还在于园内人生活的细节与感受。因此觉得这个项目既有挑战性，过程也会很有意思。典型的中国私家园林，往往把居住用的房子和游憩用的“园子”作明确区分。但是一亩二分地和一个住宅的预算很难做出这样的排场，而且亭台楼阁、曲廊假山等物件真要做出来，对于现代人的生活来说，未免太过造作和牵强。

看场地的时候，我想起了几个月前在斯里兰卡参观杰弗里·巴瓦自宅的经历。那是一个经过好些年头不断改建和加建成的房子，几乎是一层铺开的平面，大大小小的花园和天井穿插在各种功能房间之间，室内外没有明确的界线，阳光、热带植物、水的光泽和声响、各个年代的家具和巴瓦周游世界收来的物件，交织成迷人的氛围。碰巧大理明媚的阳光和洁净的空气保证我们一年中总有大量的时间适合在室外或半室外生活；而蒙中夫妇对于家居陈设以及园林植物的热爱也可以使一亩二分地的空间生动丰满。我于是开始想象一个把房间和“园子”混在一起，把功能空间和游憩空间交织在一起的住宅，让室内、半室外和完全露天的空间不经意地过渡，让功能性的行走同时也是游赏的漫步。于是我就拿着巴瓦自宅的平面图和照片跟夫妇俩讨论这个设想，果然一拍即合。

没想到我还没来得及开始具体的设计，蒙中竟然就用画图的方式来鞭策我了。开始是用文人画的方式，用毛笔勾勒出一个意向，我还没来得及回应这个意向，他又开始用圆珠笔画平面图了。

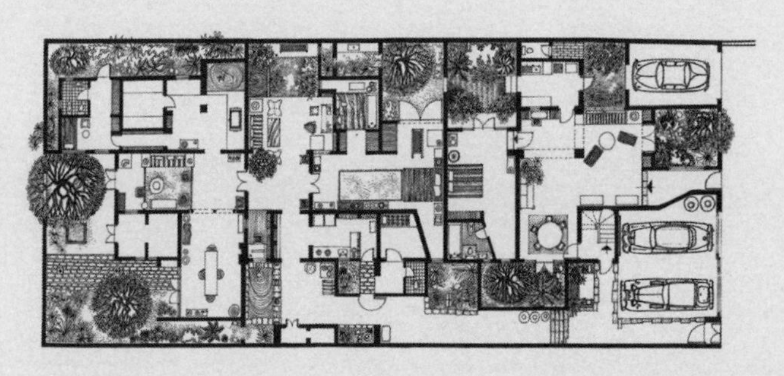

科伦坡自宅　杰弗里·巴瓦　来源：ArchDaily

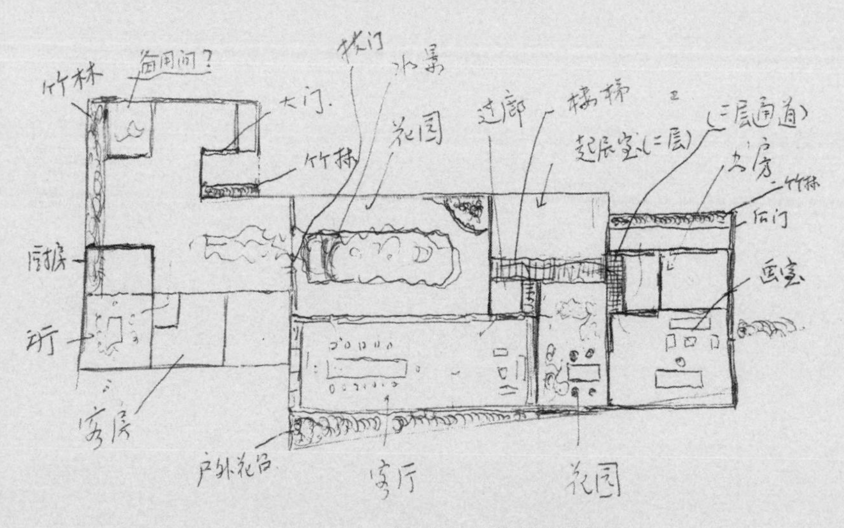

蒙中绘制的竹庵平面功能图示

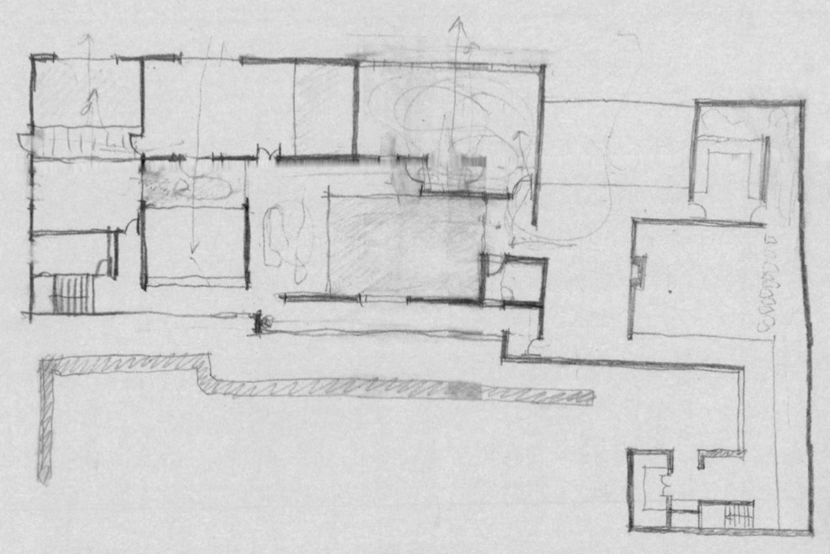

赵扬绘制的第一张平面草图（主要的空间层次、节奏与流线关系）

蒙中的这张平面图，虽然只是基于我们现场讨论的一个功能布局图示，后来却成为我平面构思的起点，因为他回答了房子进入方式的问题。基地位于村子的最东侧，回家要通过西面的巷道蜿蜒而入，最直接的方式自然是开一个西门，或者在西南角突出的部分开一个北门。然而，他们夫妇基于对当地古老民居院落的观察理解，希望大门是按照此地传统的方式朝东开。大理坝子整体呈南北走向，西靠苍山，东面洱海。古老村落认定的正朝向是坐西向东。而喜洲镇在历史上一直是大理经济文化最发达的区域，也是白族传统民居保留最为集中的区域，对于建筑的规则形制也最为成熟讲究。比如，宅院入口家家朝东，也就是朝着洱海的方向，照壁上随处可见“紫气东来”四个大字，也印证了这一传统。

蒙中的草图建议在西南角退让出一块空地，设户门朝东，面向自家的院墙，以为照壁。来者需要先转180度推开户门，才算是进了门厅；再转180度折向东面，才能步入前庭，进而登堂入室。这一退两拐的处理其实在喜洲民居中随处可见，这一姿态细细品来确有其可爱之处。喜洲罕有直面街巷的宅门，即使有，也会通过“四合五天井”中的一个小天井来过渡一下，正式的宅门一定是退后的，这让人隐约感觉到那个彬彬有礼的乡绅社会的涵养。同时，这一退两拐也是一个减速的过程，颠覆了一个现代人进入这个住宅的预判。不经意中，脚步放慢了，知觉被唤醒后，园子里的精彩才徐徐展开。

顺着这个进入的节奏，我在平面上逐渐梳理出房子的格局。基地从南到北40米的进深被模糊地分为门厅、前庭、中庭和后庭四个区域，功能从相对公共过渡到相对私密，空间感从疏旷渐变为紧凑。从大门进入，门厅

模型照片

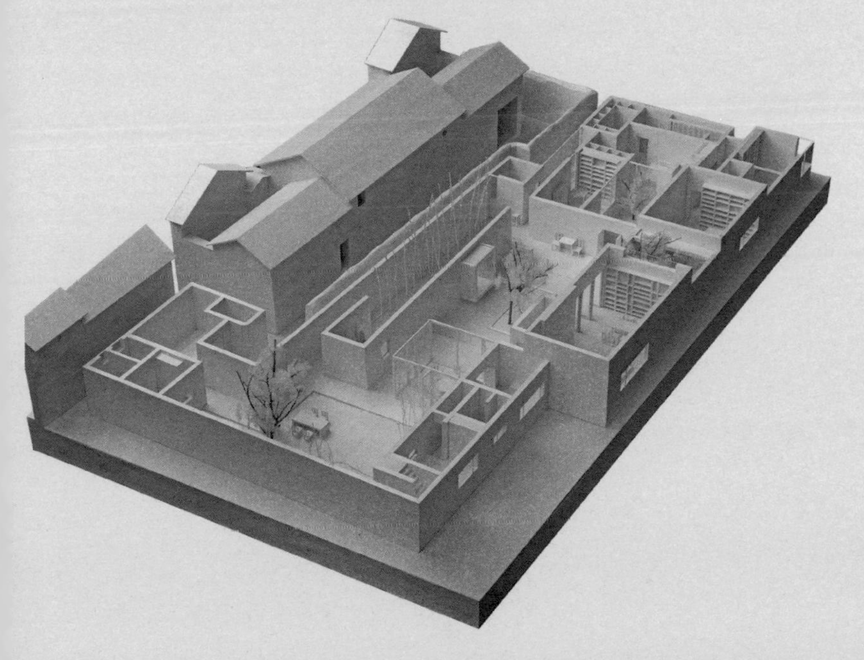

东立面

门厅

不大，但有露天可接雨水的天井。壁上正面嵌着主人淘来的“云霞蒸蔚”四个清代砖雕大字，暗示着大理美丽精彩的云霞，也暗含着即将进入的庭院充满生机而丰富多彩。然后转回 180 度，经过一段短的回廊，来到前庭。

前庭是园内最开阔处，也是室外生活最集中的地方，可以饮茶、下棋、打拳、侍弄花草。客房位于前庭东侧，东看稻田，西览前庭。前庭和中庭之间的屋顶下是餐厅，考虑到风季的实用性，餐厅被三面透明的玻璃墙隔出来。餐厅向东连接厨房，可透过厨房的水平长窗瞥见田野。

自餐厅北望便是中庭，中庭的水面从功能上取消了步行穿越的可能，后庭入口在水一方，产生一定心理距离。视线虽能穿过，但脚步只能右转进入起居室。起居室朝东的大窗将人的注意力从中庭转移到田野，窗外四季景色变幻。起居室兼作会客厅。设茶桌于起居室北侧，背靠满墙的图书，若客人被邀至茶席，西望则可见中庭的景致。

中庭西墙漏空，向东探出个矩形框景，将西廊的花园框成一幅画面，画面里，精心挑选的景观石衬着野茶

从前院北望

树，仿佛是幅元人笔下的木石图。水池中间，围了个方形的岛，植清香木于其上，是中庭景观的重要部分。坐在客厅西望，邻院高出围墙部分的瓦屋面，有着白族建筑典型的优雅曲线，于是便被“借”了进来，让瓦屋顶和眼前的景观构成一幅更大更完整的画面。

从茶席起身，推开轩门，便可循着水池步入后庭。后庭的门洞做得低矮一些，里面属于主人的私人空间。这个区域集中了男女主人各自的书房、画室、主卧室、衣帽间和卫生间，这部分功能空间比较密集，强调空间效率，平面布局相对紧凑。主要的房间都根据其大小朝向，设置了天井，以调节光线并辅助通风。

除了这个主导的空间层次，我还在用地的西侧安排了一条时隐时现的路径。最开始是考虑到男女主人分别待客时，不待客的一方可以避开中庭和起居室，另辟便道出入后庭。后来索性把这条便道发展成园子的一部分，并通过一些开口和主庭院的景致互动起来。

园子的体验必然是和“观看”直接相关的，可居，可游，可观。在空间中的大多数位置，我不喜欢限定人眼观看的方向和对象。这大概也是日本京都那些面对枯

从门厅看向前庭

山水的“掾侧”空间很难让我有共鸣的原因。静态的画面再完美也是封闭而有边界的。窃以为中国式的观看是在目光和身体的游移间不断地建立并消解静态构图，仿佛山水画中的长卷徐徐地展开、收起，步移景换，建立和消解的频率如此之高，以至于视野的边界还来不及建立就已经脱焦了。环秀山庄的院墙不过是要限定产权的边界而已，龙安寺的那道包浆精美的院墙却指示了一个观看所不能逾越的范围。

空间节奏不均匀的起伏导致结构体系注定也是不规则的，我们选择用短肢剪力墙来支撑这个以墙体为主的建筑。那些室外连通的空间都用反梁来避免结构在屋顶下的过度呈现。鉴于大部分屋面都要覆土种花草，高高低低的反梁也就无碍观瞻了。

大理本地用石灰混合草筋抹墙的“草筋白”是最经济有效的外墙处理方式，和纯白的外墙涂料相比，显得柔和而有质地。白墙的压顶和雨水口采用了苍山下盛产的麻石。大面积的水泥地面和清水混凝土的顶板平衡了墙面的白色，为生活内容的呈现铺设了一个温和而朴素的背景。整个建筑是一个大的平层，又位于村子的东

中庭

起居室朝向田野的窗

蒙中安排的“木石图”

端。从远处看，白墙一线，背后露出来的白族院落瓦屋顶，刚好被巧妙地借景，与村庄融合在了一起。

在土建阶段后期，内部空间基本成形，蒙中开始绘制一些草图和我讨论“造园”的细节。整个竹庵一共有大大小小九个天井，如何布置这九个天井，也是“造园”的关键。引述几句当时蒙中在微信中阐述的理论片段，可见其成竹在胸。如“选树首重姿态，移步换景，讲究点线面的穿插呼应”；再如“讲究大面的留白，点线面的舒朗节奏”；又如“堆坡种树，是倪云林画的神韵”；等等。有的天井在方案设计阶段就已经跟植物的想象联系起来了。

比如那个种芭蕉的位置，因为避风效果最好，几乎是没有悬念的。植于中庭的清香木符合我们对一个比较平衡舒展的树形的期待。后庭的杏、画室南院的石榴、书房侧院清瘦的桂树，都是在空间里反复斟酌的结果。

前庭容纳主要的户外生活，所以庭院部分地面基本用青砖铺砌，院中种大树一棵，绕墙皆种竹。竹边打井

蒙中绘制的花园构思草图与种植过程

一口，名曰“个泉”，取竹字一半之形，蒙中自己题了字，请人用白石刻好嵌在壁间。井的另一边，靠窗植一梅树。

用材也遵循因地制宜的原则，比如用本地的高山杜鹃和野茶树来代替江南地区常见的园林灌木，并取大理鹤庆地区类似太湖石的石灰岩来代替太湖石，等等。

这些花草植物、石头形制的选配要归功于蒙中夫妇，他们为此费了不少心力，往来奔走于大理坝子上的各个石场苗圃。除了景观、植物，他们还要求给自己的猫咪辟出一个有天光的空间，给狗辟出间小屋。这些细节，充分体现出夫妻二人对于生活伙伴的重视以及对设

景观施工过程

计细节的考虑。在这个阶段，我的角色也就是微信群里的一个参谋而已。

此外，他们还在后门外的水沟上铺设了老石板作为小桥，桥一头是紧邻建筑的一块属于他们自己的菜地。在那里，他们辟出菜园，种上四季的蔬菜，虽是两分地不到，却足以供给平素的食用。石桥边，蒙中移来竹、桃、柳、石榴、枣树。让这个建筑外延的第五个空间部分，平添了几分“归田园居”的意境。

至于内部陈设，记得当初设计刚开始，夫妇二人就发给我们一张详细的清单，罗列了他们多年来积攒的家具和饰品，还一丝不苟地配以照片和具体尺寸。这些家具以中式和民国风格为主，甚至有一些维也纳分离派时代的欧洲家具。我们除了在平面上仔细地布置这些家具之外，也把这些家具的存在作为设计的前提。这个房子最后呈现出一种无风格的状态，正是为了去适应多种风格家具饰品的混搭状态。

亚历山大·契米托夫（Alexandre Chemetoff）在他那本《场所访问》（Visits: *Town and Territory-Architecture in Dialogue*）的前言里说道：“建筑的材料是流经它的时间，从跟业主的第一次讨论到房子的入住以及往后使用它的岁月。我想呈现那些生机勃勃的和被使用的空间，而不仅仅是建筑刚刚建成时崭新的样子，换句话说，还没有被完成的样子。”

竹庵现在看上去细节还不够丰满，因为它还没有跟生活长在一起。每次我去回访，夫妇二人对于房子都有新的想法和感悟，比如廊院那株缅栀的冠幅有点大了，中庭的西墙要从屋顶垂下白蔷薇，好几个角落都需要增加石凳来放置盆栽的花木，等等。记得前年在吉隆坡和建筑师凯文·洛（Kevin Low）聊天，他也说，一个住宅没有经历十年八年是不值得评论的。希望几年后再看竹庵，我能有说类似豪言的底气。所以现在跟大家分享的竹庵也不过是个未完成的状态而已。

2016 年 2 月 于泰国清迈

竹庵

2016.1

摄影：陈颢

摄影：雷坛坛

摄影：雷坛坛

摄影：雷坛坛

摄影：雷坛坛

摄影：雷坛坛

摄影：雷坛坛

摄影：雷坛坛

喜洲竹庵

业主：私人

建筑师：赵扬建筑工作室

设计团队：赵扬、商培根

基地面积：800 m²

建筑面积：426 m²

结构形式：混凝土短肢剪力墙

地理位置：中国云南省大理州喜洲镇

设计阶段：2014.8—2015.2

施工阶段：2015.2—2016.1

平面图

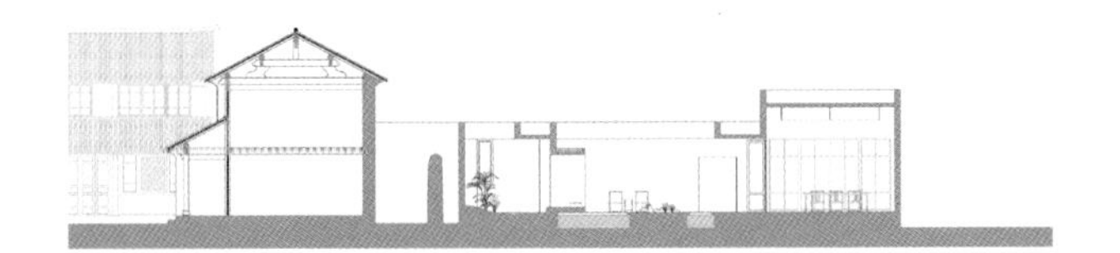

A–A 剖面图

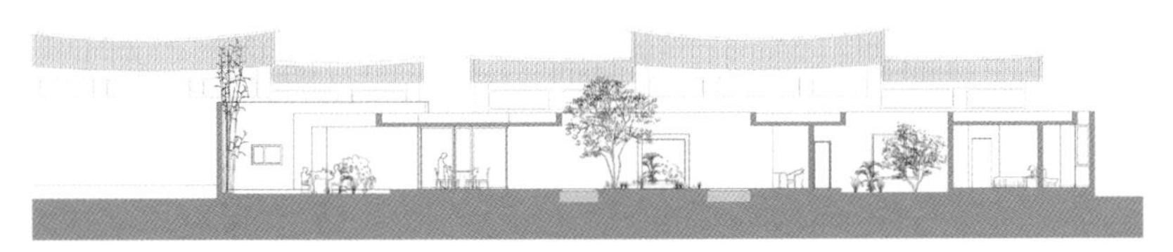

B–B 剖面图

四

柴米多农场餐厅和生活市集

位于大理古城叶榆路的柴米多农场餐厅和生活市集开业快半年了。用嘉明自己的话说:“柴米多是扎根大理、实践环境友善种植方式的生活农场，也是尝试建设大理美好社区的积极践行者。柴米多农场餐厅是大理第一家实践‘从农场到餐桌’理念的餐厅。”柴米多生活市集包括农场超市、民间手工艺展厅和举办社区活动的“柴米多大院儿”。

大院儿的整个设计建造过程就像大理朋友圈里的一个“设计接力”。其前身由一个白族式样的大木屋和它北边的一个砖混结构的平房组成。庭院和叶榆路的人行道之间是爬满三角梅的铁艺围栏和围栏后几丛挺拔的金镶玉;院子的南墙外以前是高叔别致的自宅，我们关于“大理在地设计”的启蒙几乎就是从参观他洱海边的“牛棚别院”和后来的寂照庵改造开始的。大概也是两年前，这个小院的租赁合约到期，易手给了一家川菜馆子，高叔也迁居到山脚下，这是题外话。印象中大院子已经空置许久了，直到两年前由柴米多农场的创始人嘉明租下来另谋大计。

最早介入“大院儿”设计的是艺术家夫妇阿 Wing

“篡改”之前的工地

改造过程中的工地

和 Hendrik。长居大理的艺术家都是生活家。我曾被邀请至他们在叶榆路北段的家小聚，Hendrik设计的厨房像是一台关于世界料理的机器被解剖开来，里里外外活色生香。记得他们当时的微信朋友圈里都是热火朝天的工地照片，可以感受到他们把在大理多年的生活体会都注入其中。那段时间里，大院儿北侧的平房被加建为两层，容纳农场餐厅；大木屋中间两跨的木楼板被掀掉，成为一个展厅。大木屋整个一层的隔墙和老木门被拆除，更换成透明的钢门窗，成为一个面向大院子的开放空间。一个长方形的钢结构构筑物从餐厅的南立面探出来，把就餐空间延伸到院子里。

谁料改造做到一半，夫妇二人应邀去纽约教书，不得已离开了大理，大院儿的工期一拖再拖，嘉明又只好把工地托付给我们。一到现场，我们就不由自主地吹毛求疵起来，于是开始了一系列对原设计的“篡改”。

设计的核心其实是“大院儿”的空间氛围，而决定这个空间氛围的自然是东南西北四个截然不同的界面。大院儿的北面是餐厅伸出来的钢结构亭子，原设计是一个四四方方的形体，两侧封闭，正对院子的立面像舞台的台口被完全打开。一道旋转楼梯置于亭子和餐厅的衔接处，通往露台和餐厅的二楼。这个亭子的存在的确让院子生动许多，但是其空间潜力似乎还没有被完全开发。我们重新安排了餐厅的布局，敲开了隔断亭子和餐厅首层空间的墙体，让吧台朝南面对庭院——这将是一个由旅居大理的西班牙大厨佩德罗（Pedro）掌勺的西班牙小吃（Tapas）餐厅，吧台因此挺重要。考虑到这道露天的旋转楼梯在雨季不太实用，我们把它拆除了，把楼梯的位置重新安排到餐厅北侧。

改造过程中的施工照片

大木屋改造后立面

为了让亭子显得灵动一些，我们调整了它的轮廓，加大一圈儿，做成一个不规则四边形，立面向上延伸为露台栏板，栏板的轮廓在立面上也被切出一条斜线，让露台空间朝向大木屋那斑驳的青瓦坡屋顶倾斜过去。亭子一层封闭的两侧被打开，改用竹栅栏来过滤光线，并把立面统一起来。面向院子一侧的竹立面可以开启，在市集活动的时可加强内外联系。

大院儿的西立面是大木屋。从功能上考虑，首层的立面的确应该改成透明的，但是这个立面的改造又的确是个难题。大木屋的木结构被漆成红色，但漆面已经斑驳，木框架也有些歪斜了。在安装新的钢门窗时，这些木结构形变产生的误差很难消化，不规则的缝隙也很难处理妥帖。而且钢门窗在上漆的时候已经染花了木柱子红色的漆面，如果再用红漆去修补，那没有经过岁月磨洗的鲜红色的新漆会使修补工作欲盖弥彰。因此，我们只能考虑在木柱子的外侧再做一层立面，来重新定义大木屋的正立面格局。

于是我们在玻璃立面的外侧增加了一层竹格栅的推拉门，未来可以根据需要灵活调整内部空间的遮蔽程度。推拉门的外钢框遮挡了红色的木柱和大理石的柱础，用一个新的立面形式来呼应改造后内部全新的空间感；在彻底取消首层木结构形象的同时，烘托出大木屋二层出挑的外廊、瓦屋面的檐口和颇具年代感的木栏杆。这个做法其实也是对大木屋本身的“篡改”，原本完整的传统木结构体系被选择性地遮蔽和显现，或者说其整体性的解读被我们故意消除了。同时因为竹子这个新植入的材料和立面系统，大木屋开始和它的周围对话。一个自给自足的传统格局被解构之后，新的联系才得以发生，新的叙事也开始呈现出来。

木屋二层外廊的南端头楼板已经被拆掉，并用角钢

轴测图

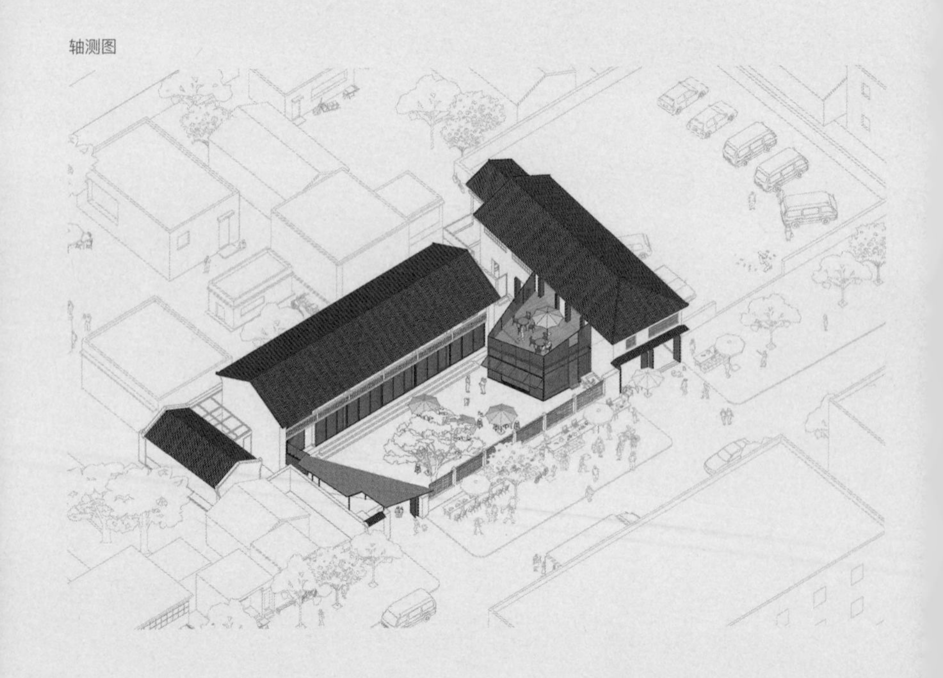

大木屋展厅室内

焊出一道从室外通往二层的楼梯。这本来已经是一个打破原有立面格局的动作，我们为了让革命更彻底一些，就调整了楼梯下半部分的姿态，让它扭转出一个角度直达庭院。

大院儿的南面是未来生活市集的主入口。我们在这里加盖了一个楔形平面的轻钢棚子来定义新的入口空间，一方面为一些售卖功能提供遮蔽，同时也增加了一个空间层次，改变了大木屋从入口便一目了然的印象。因为加建的棚子檐口被故意压低，大木屋作为单体建筑的分量在一定程度上被弱化了，它不再是一个孤立的唯我独尊的房子，更多地成为大院儿的一个界面被体验。竹子在这里被用于吊顶，从视觉上跟大木屋首层推拉门和餐厅伸向庭院的立面联系起来，彼此呼应成一个新的整体。

主入口加建的棚子

大院儿的西面是种植三角梅的花坛。这一面的处理比较简单，只是把花坛加宽做成一个榻，室外就餐和市集活动的时候可用作长凳；市集熙熙攘攘的时候，也是小朋友们游戏的场所。

改造后的大院入口

餐厅室内

这一系列改造完成后，设计的接力棒又交到了大理新木匠蔡旭的手中。蔡旭以前在京城当软件工程师，后来辗转至云南，来大理也有多年了。改行后，他在凤凰和大理开了两家咖啡店，没想到装修咖啡店时唤醒了自己的匠人基因，定居大理后，又陆续完成了若干客栈和小店的改造设计，逐渐有了一个装备齐全的木工房。蔡旭比较坚持跟自己长期配合的工匠合作，他的设计也更多地体现了对使用细节的理解和材料本身的把握。因为不是单纯从形式出发的，这些DIY状态的家具自有一份静气，一种妥帖耐用而不拘小节的温馨质感，一种恰到好处的玩世不恭，也进一步让嘉明试图营造的没有标签的乌托邦生活

大院儿东侧的榻

市集时餐厅内外状态

美学接上了大理的地气。

从今年4月开张以来，每周六上午十一点到下午两点，柴米多大院儿成为一个瞬时的社区公共空间。不同于城市型的公共空间，柴米多市集上几乎全是邻居和熟人。我上次参与设计一个社区公共空间已经是三年前了，那是在日本的气仙沼市为渔民设计的“共有之家”。记得当时有朋友评论，“共有之家”不太可能发生在当下的中国。没想到有意无意中，柴米多竟然在大理实现了类似的事情，尽管每周只有三个小时的好聚好散，仓促得有些不太真实。叶帅留在朋友圈里的评论的确可以引为注脚：“今天在大理鱼龙混杂的乱象里看不到希望的人们，不妨从以柴米多为代表的乡村生活中看见未来，尽管这个未来，即便已经置身其中仍然感觉到其与现实的遥远。”

大约一个月前，我在叶榆路上偶遇回大理休假的阿Wing和Hendrik。看两人刚从柴米多大院儿走出来，我还有点不好意思。但Hendrik看上去很兴奋，开口便说：

"You've saved it from me!"

看来这还算是一个不错的结果，起码我们的"篡改"没有辜负原意。

2016 年 10 月 于大理"山水间"

柴米多
农场餐厅
和
生活市集

2015.9

摄影：王鹏飞

摄影：王鹏飞

摄影：王鹏飞

摄影：王鹏飞

功能示意轴测图

柴米多农场餐厅和生活市集

业主：柴米多团队

建筑师：赵扬建筑工作室

设计团队：赵扬、商培根

餐厅室内设计：蔡旭

基地面积：647 m^2

建筑面积：031 m^2

地理位置：中国云南省大理古城

设计阶段：2015.5—2015.9

施工阶段：2015.6—2016.3

五

大理古城既下山酒店

缘起

最早把我们吸引到大理来的几个项目，要么是倚靠双廊风光无限好的崖壁，要么是嵌入金梭岛上世界尽头一般的绝景。那时候初来乍到的大理客们大概都因为空气稀薄和景色辽阔而处于某种亢奋状态，诗和远方聊多了，就特别愿意相信干什么都一定能成，以至于我第一次见到老赖时，还有点不太适应。

老赖名叫赖国平，“既下山”品牌创始人。此君个子小，身板儿薄，说话诚恳而笃定，像在给自己打气；大概又因为谦虚，豪言壮语都用反高潮的方式加以修饰；抱负掩藏得深了，就欲言又止似的有些言不尽意。2014年夏天的大理，环洱海沿线的客栈开发如火如荼，海边的地价也不断攀升。那时候，大理的典型饭局上都是两眼放光的民宿客们，空气中弥漫着海景房和宅基地的是是非非。老赖当时经营的“瓦当瓦舍”作为一个青旅品牌已经在业内小有名气，进军大理也是感觉到旅宿行业变局的到来，大势所趋，要推陈出新，把旅宿和在地文化结合起来。不过那时候的双廊早已变成了一个沸沸扬

场地原有民宅

大理古城人民路

扬的度假工地，环海西路一侧也挤挤挨挨全是海景客房；海边的宅基地已经很难觅得了；大理古城反倒门可罗雀，几个老客栈全都卖不上价钱。而老赖的选址偏偏就在古城。根据他当时的雄辩，海景客栈同质化已经相当严重，面对洱海的落地窗和露台是大部分客栈的唯一卖点，对海景的过分依赖反而妨碍了对大理风土全方位的认知和体验。

老赖第一次带我去看他准备租下的院子时，我还很难兴奋起来。这两块挨在一起的宅基地位于叶榆路和人民路交叉口的南侧，现状建筑是几幢砖混结构的民宅。这些拆掉了原来传统木结构院落，后在原址上新建的砖混民宅为了争取室内面积和净空，被撑得又高又胖，原有的院落已经被压缩成逼仄的天井。基地的北、西、南三面也被同样比例失调的邻宅紧紧包裹，而面朝叶榆路的院墙又意外地退让出五六米进深的空地，把人行道扩宽成一个小广场的架势，好像在呼唤一座公共建筑的登场。然而，街对面的白瓷砖公寓楼和楼下松松垮垮的几家铺面很难让人有栖居古城的联想。

破题

敢在这个完全没有景色可用的场地上设计酒店，是出于对古城整体氛围的信心。大理古城建置于明代洪武年间，虽然经历过多次重修甚至局部的破坏，但大体上还保持着原有的空间结构和尺度感。世事变迁，古城内传统木结构建筑已不占多数，但家家户户还维持了大则院落、小则天井的格局，街街流水，户户养花。古城里的居民也一直保有农业文明自给自足、不慌不忙的悠闲态度。民居的院子里都很安静，虫鸣鸟叫，花木扶疏。

古城的格局是在山海之间顺着徐徐缓坡坦坦荡荡地铺陈开来的。古人营城，不仅从功能区划和经济指标出发，更要把城市放到一个山水形胜的格局中做整体构想。三坊一照壁、四合五天井的墙壁上都没有朝外的开窗，而是围出一个具体而微的小天地来怡情养性。庭院组成街坊，街坊拼出城池，城池依了山形水势，那庭院里俯仰自得的人们也就在这依山傍海的空间秩序中体会出家园在大地上的位置。在这个格局里看花开花落，人和天地自然的关系就不仅仅是通过视觉来维系的。用诗人于坚赞建水的话来讲："不仅栖身，而且养心，诗意的栖居，用云南话来说，就是'好在'。"

"小独栋"尺度原型

设计是从平面布局入手的，因为砖混结构可改造余地很小，我于是很快就确认场地现存的民宅在流线安排上已是僵局。而且在这个没有外部景观资源的场地上，一切体验和氛围只能从内部争取，因此场地西侧的客房都只能朝东，享受庭院内部的氛围和景致，这就自然排除了用传统合院内向檐廊串接西侧客房来安排动线的可能。这让我想起古城护国路附近的一个小房子，那是一个不太常见的单跨木结构，却按照传统工法盖得一丝不苟；虽然有上下两层，檐口却压得很低，这个意外的比例和尺度感造就一种亲切憨直的表情。我就想象，如果把这个"小独栋"的比例和尺度感用在"既下山"这片狭小的场地，也许是很贴切的，于是在草图上随手勾画出来。

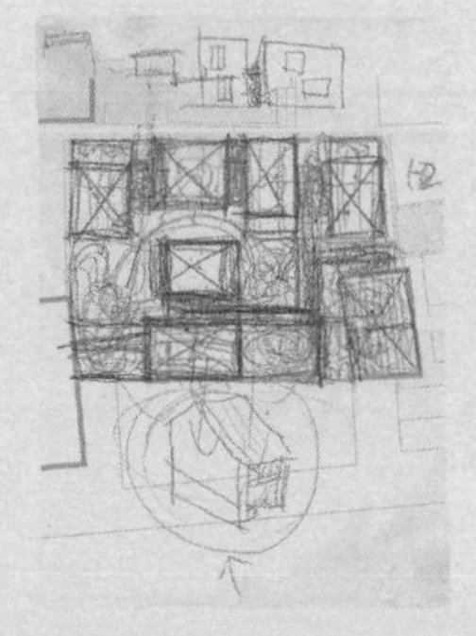
"小独栋"第一张草图

顺着这个思路，就在平面上安排出几个似连非连的"小独栋"来围合出一前一后两进庭院。庭院既是景观，同时也是通往客房和楼梯间的动线。咖啡厅因为要对外

模型照片

经营，就把它安排在首层临街的东侧。咖啡厅楼上的15、16号客房因为可以朝向街道开窗，就在其西侧安排出一道露天走廊来解决相邻五间客房的流线问题，并顺势把首层庭院的游赏体验引到二楼。

要在390平方米的用地上设计出包含14间客房的精品酒店，平面的推敲就成了寸土必争的计较。为了让每一个角落都发挥作用，“小独栋”之间的空隙在首层平面几乎被见缝插针地逐渐填满，以至于“小独栋”的“独”在首层平面上被消解了。围合庭院的墙体被拼接成连续转折的界面；好几个房间又故意在形体的转角处退让出入口雨棚，这就进一步化解了独栋体量自身的完整性。在庭院中穿行，墙面随着脚步的移动而凹凸进退，好像是墙体和身体之间你进我退、亦步亦趋的对舞。但是走在二楼的露天廊道上又分明辨得出八个“小独栋”各自为政又错落有致的格局。

罗网

对透明性的把玩也是消解空间局促感的重要手段。位于前后两个庭院之间的茶室，几乎是完全用玻璃限定的空间。这样一来，庭院中随处可以感受到贯通南北的空间深度，而茶室的存在又使这个贯通的空间有了阴阳起伏。玻璃表面时有时无的反射平添一层迷离光影，再加上植物、水面、家具、陈设和艺术品在空间中摆布出的若干局部场景，虽然前后移步不超过20米，但目之所及与身之所感，已然叠加成密度颇高的体验，客人进入酒店时的期待得到了充分的回应，也就不感觉局促了。

入口正立面日景

透明性还体现在东西向度。咖啡厅东西两侧的立面都是玻璃窗扇，可以完全打开，所以从街道上看，这家酒店并没有一个突出的立面造型，倒是更像绿树掩映下的一个舞台布景。我们用一道反梁实现了一个 11 米的开口跨度，因为场地比街道抬高了 1.3 米，从街道上看这个立面就更像一个舞台的台口，咖啡厅内的来来往往和酒店里的进进出出，由之都产生了舞台剧的效果。透过咖啡厅，还可以瞥见前庭清香木的树冠而略窥酒店之堂奥。反过来，如果坐在 2 号客房（前庭水面西侧）的躺椅上，视线可以掠过清香木的枝叶，穿过咖啡厅的室内，看到街上的人来人往。

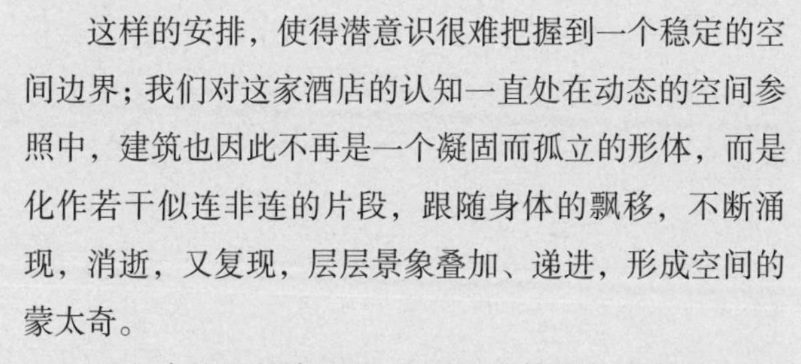

这样的安排，使得潜意识很难把握到一个稳定的空间边界；我们对这家酒店的认知一直处在动态的空间参照中，建筑也因此不再是一个凝固而孤立的形体，而是化作若干似连非连的片段，跟随身体的飘移，不断涌现，消逝，又复现，层层景象叠加、递进，形成空间的蒙太奇。

因为建筑的轮廓是在平面的整体操作中腾挪而成的，所以每一间客房的尺寸、比例、开门的位置、框景和采光的方位都有所不同。十四间客房，每一间都是独一无二的。对于酒店设计来说，这简直是在自讨苦吃。但是从感受上去把握这个建筑时，我更希望它像一个有机体，每一个器官都各居其位、各司其职，没有机械重复的部分；每个器官都处在和其他器官乃至整体的关系当中，相互成全。其实放大到整个建筑的出发点，也是把古城当作一个完整的有机体；“既下山”也是古城的一个器官，它应该通过设计的构思与整个古城的血脉相连。

生成整体的方法自然就具体而微地过渡到对每一间客房的观照，把每一间客房都当作酒店这个小群落中的微建筑来考量。每间客房各处细节的具体设计，都取决于它跟周围空间的关系：既要恰如其分地纳入光线和景观，又要设法规避公共流线对私密性的影响。而每间客房的室内面积平均只有20平方米，好在小独栋之间虽然只有狭缝相隔，但也算彼此独立，每间客房就可以从前后左右四个方向去寻找空间拓展和墙面开洞的机会。最后，这些狭缝空间都无一例外地被征用了，好几间客房都意外长出了一个类似耳房的空间；二楼的十号房还挑战了古城建筑限高的极限，在几个坡屋顶中鹤立鸡群地高出一头，为酒店争取到唯一带阁楼的套间。

在这机会和限制环环相扣的因地制宜中，每一个房间的特征都越来越鲜明——面积虽小，却各有各的意料之外和情理之中。后来再配上老赖从黄清祥那儿淘来的中古家具和灯具，从云南各地搜罗到的贝叶经、土司印等本地风物，以及我们的老搭档蔡旭为每个空间量身定制的木器跟铜件，每个房间打量起来都耐人寻味。

记得2016年初，土建基本完工的时候，冯仕达来大理跟我们聊起“既下山”的设计过程，他提到《华严经》里“因陀罗网”这个譬喻，话说忉利天王的宫殿中悬挂着一张宝珠结成的网，“一颗颗宝珠的光，互相辉映，一重一重，无有穷尽”。这难道不正是现象世界的原貌？只是现代人被机械理性和概念化的空间秩序规训得太久，和那个交错关联而无尽往复的自然秩序反倒是隔膜了。“既下山”表面上随形就势、随遇而安，但空间中里里外外、重重叠叠的物象勾连，实际是对任何一种概念化的秩序观的主动规避。设计的结果都是“现象”，但设计的过程不能“着相”。唯有如此，“现象”

方可化入存在，时而投映于心，时而无迹可寻，而不仅仅是设计者概念思维的三维投射而已。这也正是我曾在《“境遇”的建筑学》中提到的，在跟现实境遇的“推手”中体会“因果化机”，让事物自发产生关联的秩序感。

清水

平面大局既定，我们就基本确定了混凝土剪力墙的结构体系。其好处是结构和围护墙体融为一体，需要克服较大的跨度和悬挑时，可以利用二楼的窗下墙或者走廊栏板来扮演上反梁的角色。我不喜欢煞有介事的结构表演，也尽量避免空间中被动出现的柱梁。结构和其他建筑元素的呈现应该有一个比较平衡的关联。这个房子的结构不是演技派的，但最终可以不着痕迹地隐到空间中去，是让我颇为满意的结果。

作为一个剪力墙结构支撑起来的房子，最直接的建筑外墙材料当然是清水混凝土。毕竟这是一块租来的地，二十年后地和房子都要还给房东，我也不好意思跟甲方要求采用相对昂贵的建造工法。没想到老赖居然主动提出能否尝试清水混凝土，实在是让我意外而且感动。同样幸运的是，在昆明结识了对材料和建造有着近乎偏执的热情和丰富经验的杜杰跟他的“杜·清水营造”团队，不然在云南这样的小项目上挑战对施工工艺和流程管理要求颇高的清水混凝土，我们完全没有把握。

在“既下山”之前，我们已经开始跟杜杰在普洱的一个住宅项目上尝试木模清水，不过那个项目的预算比较宽裕，可以在现场加工、拼装比较规整的松木条模板。为了帮老赖把预算降下来，杜杰提出了一个多快好

修复完成后的清水混凝土肌理

省的办法，就是直接用半成品的细木工板（也叫大芯板）作为模板。细木工板是常用的合成板材，内部由宽4厘米左右的碎木条挤压拼接而成，两边再用木皮封面，构成整体强度；杜杰的做法是到木材加工厂去定做只贴了一面木皮的细木工板，用另一面裸露的碎木条来直接形成清水混凝土的木纹肌理。这个做法不仅大幅降低了加工模板的费用和时间，而且平均4厘米宽的木纹肌理和尺度感比较小的空间也更匹配。碎木条在工厂是随机拼压的，因此在混凝土表面压出斑驳错落的凸凹感。木模板清水混凝土墙面一般来讲会有一种工业感，但这些碎木条随机形成的纹理竟消解了这种感觉。开业一年后，经过日晒雨淋的包浆，墙面甚至仿佛罩上了一层天然石材的沧桑韵味。

旧新

根据大理古城的规划要求，所有的建筑都必须以青瓦坡屋顶为主。既下山酒店的第五立面是由七个双坡瓦顶和一个存放设备的平屋顶组成。设计进行至檐口细部的时候，我们发现清水混凝土墙面和传统瓦屋面的交接是我们从未遇到过的局面。这其实也凸显了我们在大理实践的一个特点，从本土文化和建造条件上来讲，在大理总是需要把传统工艺和现当代工业化材料与施工体系结合起来。瓦屋顶的铺设只能由白族瓦匠手工完成，板瓦、筒瓦和瓦当都是传统木构体系里的标准构件，其美学体系和几何精确度也跟木构建筑的建造逻辑一脉相承；而墙面的清水混凝土是现代建筑的材料语言。这两种体系硬生生地碰撞在檐口这个关键部位，还真是让我

檐口局部

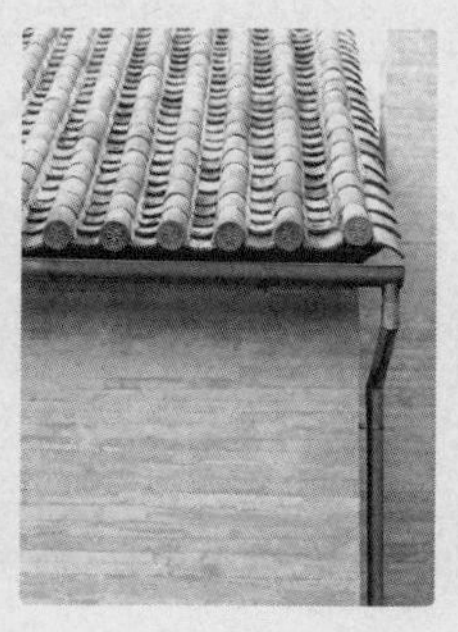

檐口局部

白族民居的封火檐

不知该如何是好。

有一天在苍山脚下的村子里溜达，我又开始仔细端详起那些保存至今的老院子。白族民居建筑内外分明，面朝庭院的立面都是裸露的木结构檐廊，外立面则用厚重的墙体包裹，成为保护木结构的封火墙。在木结构的时代，防火是件大事；而大理风大，风季很长，本地传统的匠师结合当地情况发展出独特的“封火檐”：用一种叫“封檐石”的片麻岩石板，部分插入墙体，并通过和封瓦、封砖的结合，层层叠涩，悬挑而出，封住后墙和山墙檐口的底部。从功能上讲，完全可以防火防风。一般后墙檐口因为排雨量大，就用较大的封檐石板；山墙挑檐只需要缓解立面溅雨问题，就用较小的封檐石板。在山墙檐口和后墙檐口的交接处，会有一块特制的被称为“虎牙”的特制大石板，完美地解决两侧悬挑因为尺寸不同而产生的几何交接问题。有趣的是，这些构造的呈现并没有直白的说教感：本地匠师会把构造体系顺理成章地发展成活泼的建筑表情，自檐口而下，砖饰、瓦饰、彩绘在外立面上各得其所又相得益彰，上升为一个非常圆融的文化呈现，让人心悦诚服，而防火、防风以及排水这些功用反倒是隐去了。

带着对“封火檐”的仰慕和回味，再回过头来考虑既下山的檐口问题，我发现虽然不可能再因循古法，防火防风的问题也不复存在，但封火檐的几何形式巧妙地解决了瓦顶坡屋面和墙面的关系问题。倾斜的悬挑把墙面从垂直的阳面引到阴影中，又自然过渡到瓦当滴水凸出立面的丰富细节中去，利用混凝土的可塑性很容易模拟这个几何状态。这种形式上的“引用”虽然是奏效的，但我竟一直很难厘清当时这一招算是什么路数，只是觉得自己经年所成的思维方式又有些松动了。因为庭院空间的限制，公共流线和檐口在多处重合，我们就在“封火檐”上用弯钩固定了手工打制的铜檐沟，来解决雨季的排水问题。

根据规范，建筑沿街的外墙面需要完全采用传统样式，所以就预留出20厘米的厚度，土建完工后再用传统毛石墙体的砌筑方式来覆盖整个外立面，并在毛石墙面的顶端复原了传统的“封火檐”做法。这大概也算一个被动的“装饰性”策略，完成后的效果让这个建筑的形象完全融入了古城的背景，从入口拾级而上，步入混凝土塑成的小天地后，反倒多了层别有洞天的感觉。

纤毫

既下山酒店的建筑设计过程大概经历了半年时间，土建施工开始后，我们又多次修改并深化了客房的室内设计，在老赖的不断鞭策下，客房平面和使用细节都日趋合理。以老赖的初心，“既下山”这个品牌的特征就是要与地域性的历史人文相结合，而旅行的真正意义也在于文化心理层面上的体验，所以到了最后的软装实施阶段，我竟不知不觉地退到了参谋的位置，任由老赖和工地总监蔡旭尽情发挥，只希望最终的整体效果能传达出老赖对于“既下山”的文化美学理想。

如果从2015年元月开工算起，这个540平方米的小房子竟然经历了两年的建设周期。除了上文提到的在施工过程中手工传统和工业体系交错往复造成的困难，在民间盖房子还会遭遇我们始料未及的挑战。记得因为房东和四邻宅基地边界的问题，我们的施工图就修改了三次。白族俗话里的“飘檐飘一丈，滴水不能让”，这次真是领教了。本来商量好可以在场地西北侧的空地上放置锅炉等机械设备，后来因为邻里关系的原因，这一企图也化为泡影，不得不牺牲那个本来可以坐望苍山的露台。为了遮挡邻居院墙的窗户和空调室外机，后庭花园的南端头本来已经种上了毛竹，但邻居提出竹根有穿透房基的隐患，又不得不移去，改种芭蕉——没想到芭蕉长势迅猛，竟不负众望地撑起后庭半边天。施工过程中，大理民间建设的政策也是风云变幻，面对多次停工造成的巨大损失，老赖和他的团队都默不作声地扛了下来。他甚至比建筑师还关心“既下山”作为一个建筑作品的完整性，所有的细节都力求尽善尽美。

所谓“螺蛳壳里做道场”，用来形容这个项目再贴切不过。“既下山”开业一年后，我请妹岛先生来住。她评价说，这个建筑似乎感觉不到一个明确而强烈的意图，但处处又很贴切似的。我想，她大概也体会到了这个项目的难处。设计出发的时候并没有主动的意旨，而被动的出招都是在寻找、应对过程中不断演化的困难和契机。就像在下一盘旗鼓相当而又僵持不下的棋局，在对手的重重包围中处心积虑、步步为营，每一手棋都牵动着全盘之势；又好像《一代宗师》里叶问和宫二那场过手戏，重点不在一招制敌，而是每一招都要拆解得漂亮，还不能失手碰坏东西。不过妹岛先生又提醒我，她觉得客房里局部显出厚度的墙体稍微厚了一点。我恍然大悟，既下山酒店和喜洲竹庵几乎是同时设计的，均采用了剪力墙结构，我当时未加区别地都用了常见的 20 厘米厚的墙体。这个厚度在竹庵那样疏阔的空间里是合宜的，但用在空间转折特别密集的“既下山”就稍微有些硌硬了。后来跟刘可南兄聊起这个细节，他也提出，如果局部墙厚减到 16 厘米，其效果应该更能匹配混凝土墙面 4 厘米左右的模板尺度。从空间、墙厚，再到材料肌理的感觉，还可以贯通得更好一些。这是不是又应了叶问出手前的那句“功夫是纤毫之争？”

2018 年 4 月 于大理“山水间”

大理古城
既下山酒店

2016.9

摄影：雷坛坛

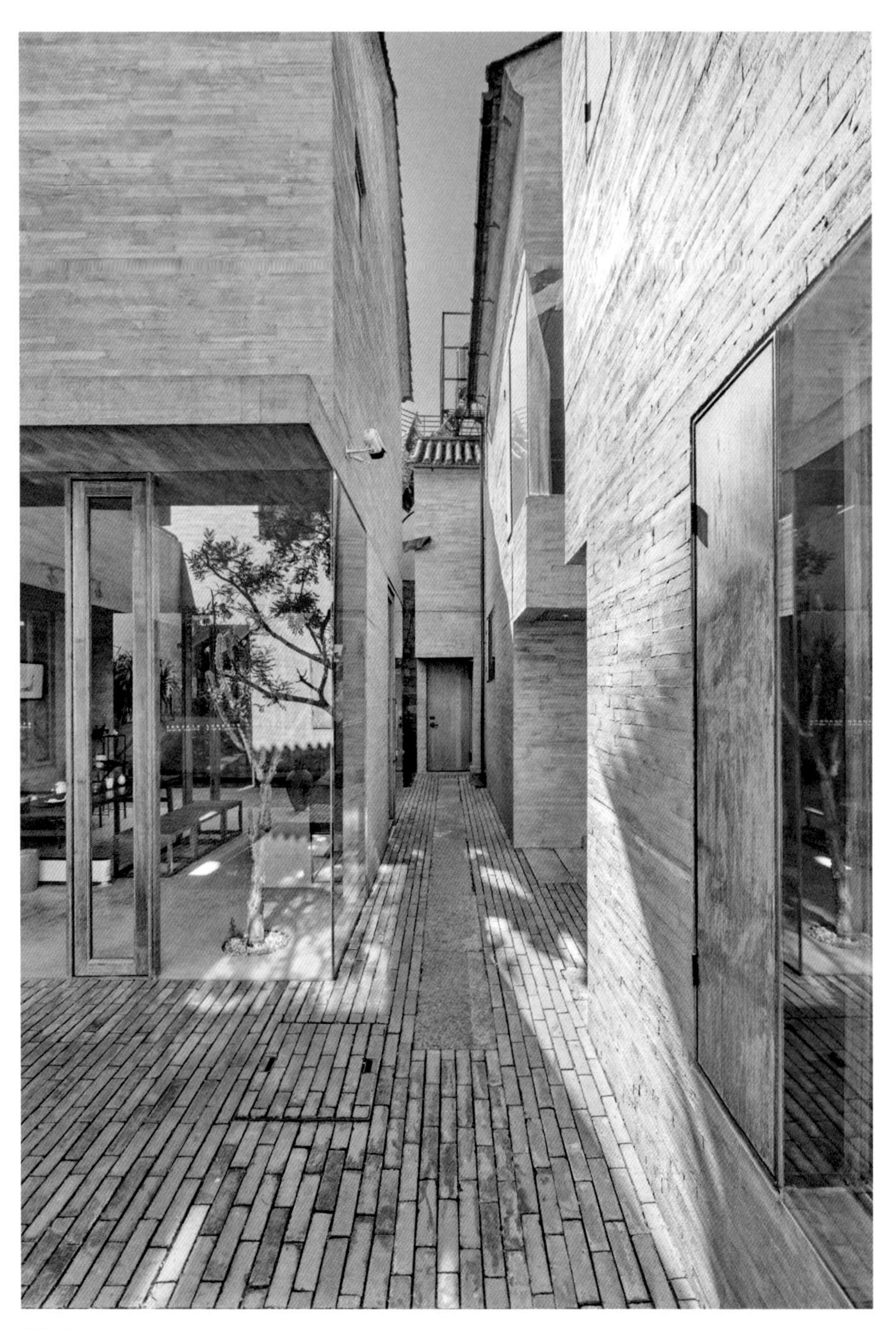

摄影：François Trézin

摄影：雷坛坛

摄影：雷坛坛

摄影：François Trézin

摄影：雷坛坛

摄影：François Trezin

摄影：雷坛坛

摄影：雷坛坛

摄影：雷坛坛

摄影：雷坛坛

摄影：雷坛坛

大理古城既下山酒店

业主：行李旅宿酒店集团

建筑师：赵扬建筑工作室

设计团队：赵扬、武州、商培根、杨丽君

室内软装设计团队：蔡旭、赖国平

清水混凝土施工顾问：杜·清水营造

土建施工：赵小虎团队

基地面积：390 m^2

建筑面积：540 m^2

结构形式：混凝土框架剪力墙结构

地理位置：中国云南省大理古城

设计阶段：2014.3—2016.1

施工阶段：2015.1—2017.1

A–A 剖面图

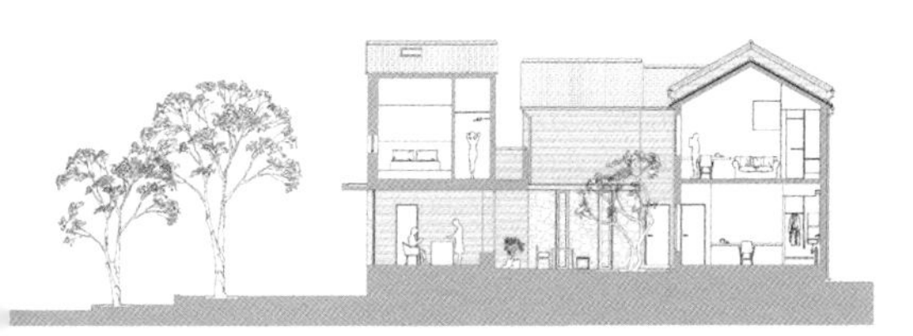

B–B 剖面图

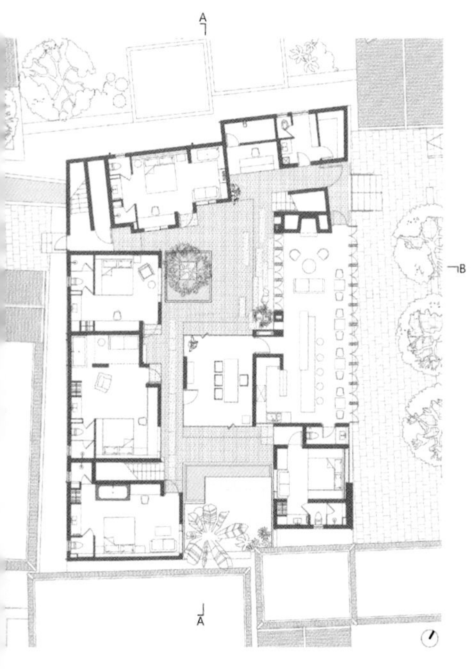

一层平面图

二层平面图

六

梅里雪山既下山酒店

那天，我独自坐在雾浓顶，前方是雪山，后面是我的大大的藏房。想起英国植物学家金敦·沃德（F. Kingdon Ward），他在1913年6月的一个黄昏，就坐在同一个地方，也像我一样向西眺望：

> 我坐在山坡上，当炫目的夕阳被紫色晚霞所取代时，我的视线向西越过澜沧江（湄公河）峡谷，直达卡瓦格博神山。我看到碎裂的大冰瀑凝固在陡直的悬崖上。紧挨最大的那道冰川脚下，有几幢房屋散布在皑雪闪闪的阶地上方。（金敦·沃德《神秘的滇藏河流》）

“季风环绕世界带着雨水多次地回来，花是另一春，树是另一季，青稞是另一茬，将近一百年之后，我在德钦，眺望梅里，背包里是刚签下的合同，不知道是否真的可以在此地待下去。”

这是乔阳在2010年刚刚建好季候鸟雪山旅馆时写下的《雪山盖房记》的开头。“背包里的合同”签下的就是她眺望雪山时身后那个“大大的藏房”。她说这篇发表在《背包客》上的文章带来的丰厚稿费接济了当时因为盖房子而精疲力竭、弹尽粮绝的她。这个后来在老 214 国道上闻名遐迩的季候鸟雪山旅馆就是 2018 年底开业的梅里既下山酒店的前身。“既下山”从“季候鸟”继承下那个“大大的藏房”，也从金敦·沃德和乔阳的眼中接过那个越过澜沧江峡谷的眺望。

季候鸟

这个“大大的藏房”坐落在梅里雪山景区迎宾台后面的小山坡上，是德钦县雾浓顶村第 23 户人家。房子的平面是一个规整的正方形，每边六个开间，每个开间 3.3 米，七七四十九颗木柱的矩阵中心拿掉一颗，形成轴线尺寸 6.6 米见方的天井。乔阳当初租下它时，这个两层半的木结构建筑已经盖好了两层。在《雪山盖房记》中，我们读到乔阳以田野调查的态度所做的记录：“传统夯土木结构的藏房，以木梁柱承重，以细木棍铺陈梁上，覆以 10 厘米的泥土层，上盖木板为楼面；屋顶则不加木板，用黏土，20 厘米厚；四周是独立的夯土墙体，石脚基础，下约 1.1 米厚，上三层后逐渐收至 0.9 米；房间则以木板间隔。”

虽然乔阳和她的设计团队绞尽脑汁想要最大限度地

2008 年大藏房的原始状态

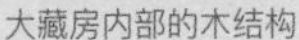

大藏房内部的木结构

开始施工框架结构的“季候鸟”

保留原始木结构，但最终还是因为荷载、隔音、卫生间防水，以及最难以回应的消防验收问题，不得不放弃这个木框架，改用混凝土框架结构。但藏房的夯土外墙万万不能割舍，这就意味着要根据现有的开窗位置来设定平面的轴网和层高。记得第一次看到“季候鸟”的施工图，我特别不能理解，为什么一个混凝土框架建筑的柱距只有三米多？极大地限制了改造的自由。读了乔阳的盖房记才明白，原来这个混凝土框架基本上继承了原来的木框架柱网，并保留了天井的位置。三米三的柱距虽然太密，但减小了梁柱的结构尺寸。牺牲平面的自由，换回了一点剖面上的空间。

五年前的春天，乔阳和先生许路带着我跟老赖从大理驱车前往梅里，考察并商议把“季候鸟”改造成一个度假酒店的可能性。那是一次令人难忘的旅程。乔阳在飞来寺经营酒吧多年，对香格里拉地区的近代史和风土人情如数家珍；许路本来是在厦门研究海洋史的学者，因为要帮乔阳经营旅馆，还要在海拔 3550 米的雾浓顶带孩子，就顺带把他那人类学的目光深情款款地投向了云南的藏区。夫妇二人就像一本香格里拉地区的人文地理辞典，跟他们跑这一路，才大致领略到这清旷风景背后的壮阔时空。他们对沿路的气候与地质、物种与物产、

“季候鸟”面对梅里雪山的西立面

宗教和族群诸方面的因果关系的理解不断地把我从习惯性的借景抒情中拽出来。他们身上有一种经典的“旅行者”素质。这种素质让我想起从大航海时代的探险家直到20世纪初深入横断山脉与西藏腹地的博物学家和传教士身上的那种传统。他们旅行和生活的目的是要“求知”，甚而至于“求真”，不是把蒙昧的心寄托于一个虚妄的“诗和远方”，自我陶醉且自我安慰而已。

虽然夫妇二人建造并经营这个雪山旅馆的历程可谓千辛万苦，但受限于当初对酒店空间设计的有限了解，以及面对各种现实条件的无奈妥协，“季候鸟”的确有太多需要改进的地方：考虑到夯土墙的耐久性，乔阳让当地画师调和了一种近似于赭石色的外墙涂料，涂抹到夯土表面，辛辛苦苦保留下来的真夯土却给人假夯土的印象，好不冤枉；进入旅馆门厅，黑洞洞的没有光线，餐厅布置在首层北侧，幽暗阴冷；重要的客房虽然能看见雪山，但本来不大的窗洞被白色的塑钢窗一分为二；三楼的酒吧虽然直面雪山，但却用一个颇为荒疏的露台来接引雪山胜景……

“季候鸟”的露台一直被户外摄影家们评为拍摄卡瓦格博的最佳位置。简单分析一下，也不无道理。首先，卡瓦格博虽然有接近7000米的海拔，但从直线距离20公里，海拔3600米的“季候鸟”露台望过去，山体和冰川都妥妥地安放在静视野中段的舒适区内；其次，十三峰南北浩荡绵延30公里，但从“季候鸟”看过去，这个画幅也没有超出60度的标准水平视域，而且大藏房的坐向为正南北偏西10度，这几乎跟梅里十三峰的走向平行。也就是说，当我们在露台上凭栏远眺时，视线自然垂直于横亘在峡谷对面的山脉，而卡瓦格博几乎位于视野正中略微偏右的位置。这种程度的恰到好处，说它是天造地设也不为过。

本来就是被请来改变现状的建筑师，按理说我不该有什么失望，但乔阳告诉我这个大藏房的基本轮廓不可以改变，否则就超出了宅基地的范围。而大藏房所在的这片台地，分明就是当初房东为了建房方便，砍削山坡原始地形的结果。北侧和东侧都是生硬的挡土墙，根本照顾不了建筑和地形的关系。当时刚刚开工的大理古城既下山酒店也是经历了各种匪夷所思的掣肘，我不由得抱怨，为什么老赖交给我的项目都如此硌硬，“依山就势”“顺理成章”从来于我无缘呢？！

老赖进一步勾画他的愿景。第一，改造后的酒店必须做到全年营业（当时的季候鸟雪山旅馆因为德钦地区的冰雪天气，从 11 月初到翌年 3 月都是歇业的）；第二，作为度假酒店，客房要加大，客房数必须增加，否则账算不过来；第三，公共空间要扩大，并且更加丰富完备，酒店的设备设施标准必须整体提升，舒适度必须有明显改善；等等。

说实话，即使放到现在来看，极致目的地的小型精品度假酒店也从来没有标准和套路可循。虽然改造的自由度并不大，现状似乎也摸不到可以直接借力的线索，我还是被乔阳的诚恳和老赖的乐观打动了，尤其是乔阳和许路让我感受到这个项目背后那个宽阔而深远的背景。“季候鸟”这颗貌似不着调的种子，还真不能小看它。

场地策略

设计动笔之初，我们一致认为最大的难度在于冬季运营的舒适性。因为德钦地区昼夜温差极大，大藏房虽

温室方案设计草图

然被夯土墙包裹，中心的天井却暴露在室外。清晨爬到三楼露台上去看“日照金山”还是需要极大的热情的。我于是联想到沿路在迪庆地区看到的用玻璃温室嵌套的新式藏房。利用香格里拉地区冬季日照时间长的特点，温室里白天储存的辐射热到了寒冷的夜晚可以温暖周围的房间。那个夏天正好赶上老赖和乔阳要在大理的民宿大会上为这个项目做众筹，我就画了一张草图来表达这个为大藏房罩一个玻璃温室的想法，没想到还吸引了不少投资。当时觉得这个大温室的策略有诸多优势：首先，温室内部四季如春，因为玻璃罩子内部的空气是流动的，即使是朝北的客房，也可以分享热度。其次，玻璃罩子和夯土墙之间可以设置错落的客房阳台，这是亲近风景的独特体验，同时还可以种植各种花草（乔阳和许路都跟我提到横断山区的各种美妙植物，希望新的酒店以此来体现地域特征）。再次，这是一个轻钢结构的玻璃罩子，虽然超出了宅基地的轮廓，但没有永久建筑的嫌疑。总之，这张一蹴而就的草图竟然成了让各方坚定信念并达成协议的契机。随着转让协议的签订，众筹资金的落实，2015 年秋天，项目正式启动。我们又一次意气风发地从大理奔赴梅里，打算在现场跟甲方团队一起验证这个思路。当讨论深入到现实层面的时候，我才发现这个大温室有些站不住脚了。首先我们没有足够的预算来实现一个可以精确控制微气候的温室，“春暖花开”只是我的想象，我连验证这个想法的技术条件都没有。而且，当我站在雾浓顶村的青稞地里望向“季候鸟”时，就更不安了。这个“大大的藏房”的确是雾浓顶村最大的单体，而且还独踞一片显眼的高台，它毫不妥协的体形已经过分醒目，如果再向外扩出一个玻璃罩子，就更显比例失调了。

真正的突破还是从场地策略开始的。因为大藏房使用面积明显不够，就得想办法挣脱这个大方墩儿封闭的格局。大藏房西侧直面雪山主景，不能有任何遮挡；场地东侧是入口庭院，需要落客泊车；场地北侧紧靠山体；只有大藏房南侧有一片缓坡，顺着这片种满青稞的坡地望下去，几乎可以完美地俯瞰恬静安详的雾浓顶村。那几日住在“季候鸟”，每天早上穿着羽绒服去一层北侧的餐厅吃早饭，让我彻骨地认识到一个能迎接朝阳的餐厅是多么必要。我于是想到如果能从大藏房南面探出一个朝向雾浓顶村的餐厅该有多么完美。这个田园牧歌式的传统村落正好可以平衡神山圣景的出世与庄严。而且这片场地东、南、西三面开敞，可以迎接从东面山头探出的第一缕阳光所携带的新鲜热度和可爱色温，对我这样一个金牛座而言，这是比“日照金山”更值得感恩的慰藉。

我当然知道这是超红线的做法，就跟老赖和乔阳商量把这个餐厅做成轻钢结构，用尽量少的点式基础来支撑，尽可能少地硬化土地，给人一个临时建筑的印象。甲方团队很快认可了这个提议。我于是又得寸进尺地冒出第二个想法。上文提到，大藏房所在的平地是砍削山坡得到的，砍削后暴露出来的土坎只在靠近入口庭院处用毛石挡土墙做了遮挡，土坎向西延伸，跟大藏房的间距越来越大，都是砍削后未经处理的裸露土层，全靠地表密实的灌木林固土，才不至于在雨季塌落。但这毕竟是侥幸的。我于是提出适当开挖修整土坎，利用大藏房西北侧和山坡之间的空隙增加几间客房。这样的加建如果以防止滑坡的岩土工程作为借口，是不是也可以暗度陈仓呢？

有这样两个场地策略作为设计思考的着力点，我们很快就发展出了第一轮方案。从2015年11月底的模型上可以很明显看出三个主要的加建动作。首先，大藏房

第一轮方案模型

南立面探出一个玻璃盒子，也就是面朝村庄的餐厅。餐厅的地面延续了大藏房的室内标高，自然形成从坡地上架空悬挑的姿态。结构也只需要从两个放大的点式基础伸出“V”形柱支撑，对场地的干预很小，“V”形柱形成的架空还有一种极地科考站的意象。其实考虑到在高海拔地区施工的难度，我也希望这个酒店的改造能像科考站那样尽量采用预制和装配的方法，缩短现场施工的工期。其次，模型上紧贴山坡加出两间“山房”，也是用钢结构配合幕墙立面来表达；再次，大藏房的天井和三楼的转角露台也如法炮制，被玻璃幕墙罩成室内，把观景露台直接变成雪山酒吧。

大藏房本身会成为主要的客房区，这一点没有悬念，所以方案设计初期还是着力于推敲三个主要加建动作的姿态。从 2016 年 2 月初的模型上看，设计已经有了进一步的调整。首先，那个悬挑在坡地上空的长方形餐厅被我们调整成一个喇叭形，喇叭嘴插入大藏房的一个略微放大的窗洞，喇叭口朝南，空间面向雾浓顶村逐渐打开；从剖面上看，我们改变了餐厅悬挑的姿态，把餐厅内部地面设计成跟这片坡地完全吻合的阶地形，这样，整个空间的向度就跟雾浓顶村完美锁定，每一级阶地上的餐桌都能直接观赏到雾浓顶村的景观。从形体外观上看，这个三角形的餐厅跟大藏房的关系相对独立，更好地维护了大藏房单纯的形体印象，也为后来在材料上进一步强化新旧关系埋下伏笔。

从餐厅入口处看向雾浓顶村

为了把北侧山坡处的加建部分更好地隐藏起来，我们决定把“山房”改成混凝土结构，让“山房”空间和形体完全嵌入山体。立面也因此伪装成毛石挡土墙，采用雾浓顶村最简易常见的砌筑方法，同时把幕墙立面改为石墙上大小不等的开洞。毕竟山房和大藏房首层的开窗距离很近，这样的调整更好地保证了私密性，用挡土墙定义的场地边界也显得更自然一些。

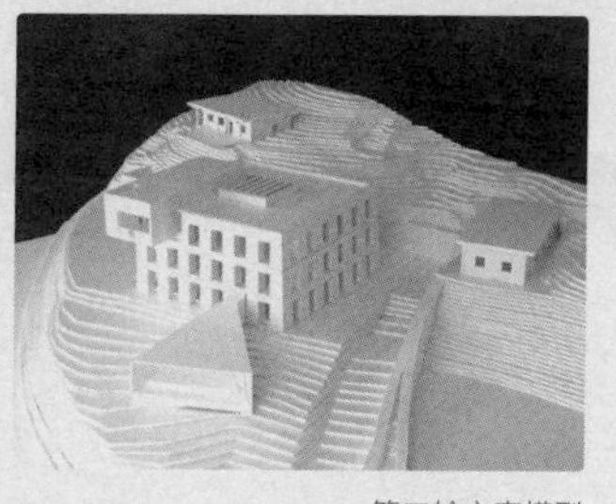

第二轮方案模型

观景虽然是雪山酒吧这个空间的目的，但是国道上的大卡车就在眼皮底下驶过，视域里的前景并不完美。第一轮方案里幕墙尺度过大，画面没有边界，我就觉得需要用框景的手段把一个水平延展的画面裁切出来。第二轮方案中，我们用一个悬挑出南立面的长条形的盒子来呼应面朝雪山的水平向框景。从材料关系上考虑，恢复大藏房的夯土外墙是众望所归。餐厅和酒吧从形体上已经跟大藏房形成了泾渭分明的新旧关系，我们就尝试用耐候的黑色炭化木来包裹立面，强化跟夯土墙的对比。

2016 年春节前，方案做到了这个程度，各方皆大欢喜。但是春节度假回来，我就有些犹豫了。那个飘浮在三楼的酒吧，越看它越可疑。这个用炭化木板和玻璃幕墙包裹起来的包豪斯盒子表面上是有了防御极端天气的合理姿态，但如果考察一下香格里拉地区的乡土藏房，会发现这里虽属藏区，海拔也超过 3000 米，但从气候和生活方式上看，横断山区还是更像云南。和拉萨、甘孜、日喀则等核心藏区的藏房不同，这里的藏房都有坡屋顶。中甸地区的藏房是用三面夯土墙包裹的独栋木结构建筑，朝向东南面的木结构裸露出来，形成面对庭院的柱廊。屋顶的坡度和挑檐的深度说明雨季降水量颇为可观，裸露的柱廊形成的灰空间会让我联想起大理白族庭院里、柱廊下，空气、阳光给人的感受和与之相应的生活方式。雾浓顶村的藏房没有中甸藏房的气派，但基本延续了三面土墙、木结构朝向庭院和露台开敞的格局，正房也是坡屋顶的。从当地乡土建筑的特点可以看出，建筑室内外之间，还是有一个灰空间的存在。虽然上文提到“季候鸟”的露台有些荒疏，但露台上的雪山毕竟没有被“扁平化”成一个简单的框景，我们是可以走到自然中去的。

记得2015年春，第一次去“季候鸟”的路上，乔阳特地安排我们认识了“松赞”品牌的创始人白玛多吉先生。当时他说的一句话让我记忆犹新，他说他反对表演性。我当时就觉得深有共鸣，只是好像没他那么坚定。那一路我们走访了松赞绿谷、松赞奔子栏和想象中的对手——松赞梅里，回程绕道维西，又体验了松赞茨中和松赞塔城。一路看下来，我是深感佩服的。这个扎根在香格里拉藏区的酒店品牌跟这片土地水乳交融，它让客人体验到的是那个还没有完全消失的传统生态中生活的秩序感。一切都是适度的，所有的分寸都是精神教养的折射。优雅坦荡，落落大方。我甚至感到有些自惭形秽，我们这个被消费时代裹挟的行业，捧着现代主义那点可怜的形式家底，在一个内心健全的古老文明面前，其实是有些无知甚至野蛮的。这也不由得让我思考，在这片被精神生活的灵氛所滋润的土地上，我们这些浑浑噩噩的外来者，是不大可能随心所欲而不逾矩的。卡瓦格博是藏区八大神山之首，想当年中日联合登山队在这里全军覆没。在这片土地上做事情，即使借不来信仰，谦虚当是一切行为的救赎。

第二轮方案中那个飘浮的黑盒子还是刻意了。说不上是“炫技”，但有“手法”嫌疑。这点小聪明在神山面前还是显得寒碜。于是我对方案做出了一个较大的调整：把大藏房的三楼露台也用夯土墙包裹起来做成客房，让大藏房呈现出一个更简单直接的立方体“完形”，然后把酒吧放到三楼屋顶上，用水平延展的挑檐覆盖一个南、西、北三面都透明的空间。这样就取消了上一轮方案的“构成感”，还大藏房一个憨直的素面朝天。虽然建筑因此增高到四层，但因为酒吧的檐口都是从夯土墙的外轮廓往回收的，层高也压得比较低，从国道上看过去反倒显得更低调内敛了。酒吧的檐口和露台的栏板限定了雪山水平长卷的上、下边界，基本上可以比较有效地截取从中景的飞来寺到十三峰远景的理想画幅。画面没有设定左右边界，取消了框景，视线在完成对雪山的凝视之后会跟随天际线向南北两侧自然转移。南面的视野被东南方向高起的白马雪山自然兜住，把视线导向澜沧江下游方向60公里之遥的碧罗雪山。从酒吧北侧看出去是大藏房背后青翠的山坡，投向远方的视线又被拉回到近处。酒吧室内外之间用大尺度的提升推拉门作为气候边界。即使是在冬季，中午到下午阳光和煦的时段，推拉门也是可以打开的，这个酒吧因此也可以变成一个放大的灰空间来使用。

实施方案模型

大藏房的中庭

设计进行到这个阶段，建筑对外的姿态基本确定下来。接着就得在大藏房内部动刀子了，这也是整个设计中最难拿捏的环节。上文提到，大藏房进深20米，平面中心原本是一个天井；“季候鸟”的改造是在天井东侧安排了楼梯，并围绕天井设置了通往客房的廊道，这个被混凝土框架确定的现状，难动大局。我们的改造是在三个方面的考量和权衡中完成的：第一，改造后的中庭仍然是动线的核心，但这个向上通往雪山，向下连接大

中庭剖面模型

堂的主楼梯务必让人产生攀爬的愿望，因为即使不考虑高原反应，酒店的客人也是习惯乘电梯上楼的。第二，因为落客庭院在东，酒店的大堂也只能安排在这个方位，但这个区域对外没有景观，而且因为后山对阳光的遮挡，大部分时间都比较昏暗。如何改变困局而提升大堂空间的愉悦感呢？第三，因为上文提到的冬季保温问题，天井必须封闭成一个室内的中庭。但是这个位于平面最深处的中庭，光线又从哪儿来？

2016 年 3 月的工作模型反映了几个逐渐成形的设计决定。首先，为了改变大堂幽暗压抑的状态，我们打掉了这个部分二楼的楼板，改善了大堂进深和层高的比例关系，并争取到四个朝东的窗洞。然后，考虑到四层高的中庭过于高耸，就把中庭部分的地面抬升至第二层，并把这个空间当作图书馆使用（这也是酒店最初的设想，乔阳希望在这里收藏关于香格里拉地区的人文、地理、地方志和其他相关文献）。最后用三段直跑楼梯把地面层的大堂、二层的图书馆和四层的酒吧连接起来。

这三段首尾相接的直跑楼梯是通往雪山酒吧距离最短、转折最少的路径，也是形式上最凝练的表达。从二层到四层的两段楼梯用实体栏板隐藏了支撑楼梯跨度的钢结构，在中庭的东西两侧凌空斜跨，几何的抽象感让这两段楼梯从日常性中抽离，又在纪念性中凸显，一个天光下通往雪山的天梯，隐喻着一段浓缩的“朝圣”之旅。

最初的设计是用带状天窗引入光线，天窗下裸露的木梁是为了保留一些传统藏房的联想。但我还是觉得这样的中庭有些空洞苍白，光线进入的方式也不理想。毕竟这个中庭有三层高，和它的平面尺寸相比，是很深的。正午时分的太阳大概可以把直射光投入中庭底部，其他时候，光线是下不来的。如果希望从中庭上空采集到的天光能够在一天中大部分时间里照亮中庭和图书馆，甚至能照顾到一楼的大堂，采光方式必须调整。

和天窗相比，高侧窗的光线相对均衡，而且可以避免正午的炫光。正好中庭顶部的东墙外是屋顶露台，这面白墙如果打开就能引入早晨和上午的阳光，那下午怎么办呢？中庭朝西的一侧虽然可以跟酒吧联通，但酒吧深远的屋檐遮挡了直射阳光，间接散射过来的光线是远远不够的。于是只好突破屋顶再向上探出一个朝西的高侧窗，同时用一个曲面的顶棚，把从两侧进入的光线反射下去。曲面可以把直射光扩散开，这样可以保证中庭的光线均匀而柔和。高侧窗用玻璃砖砌筑，玻璃砖也可以进一步起到折射并柔化直射阳光的效果。

这个曲面顶棚西高东低，从剖面上跟最后一段“天梯”倾斜的趋势正相吻合。我希望这个曲面给人柔软悬挂的印象，而不是一个僵硬的造型。再加上对反射效果的考虑，就想到用若干铜板串接成一张靠重力自然悬垂的“挂毯”。正好大理旁边的鹤庆就以手打铜银的工艺

铜板的悬挂与连接

闻名，跟工匠交流后，我们决定用1364块20厘米见方的铜板错缝串接成一张54.6平方米的“紫铜挂毯”，悬垂于两端高侧窗的顶部。手工打制的铜板表面有密集的凹坑，这也是为了进一步把透过玻璃砖的光线散射成一个光晕的氛围，尽量避免在中庭室内形成明显的亮斑。

2016年秋天，我跟老赖从梅里“既下山”酒店工地回大理，路过奔子栏附近的东竹林寺，一行人下车拜谒，为工程祈福。看到阳光下熠熠生辉的大殿金顶，我半开玩笑地跟老赖说，要不把那些铜板都镶上金箔吧！我虽然对于建筑材料没有偏见，但也未曾想过自己的建筑用得上黄金。后来在离开寺院的车上，我越想越兴奋：在藏区，黄金一般会被用于宗教场合，比如寺庙的屋顶或者大殿的佛像。它并不直接代表世俗的荣华富贵，而是对精神信仰的供奉。我本来就有点担心经紫铜反射的阳光色温会不会有些奇怪，而且时间长了，紫铜表面的光泽会因为氧化而暗淡下来，但金子是不会变色的。如果用镶了金箔的顶棚来反射阳光，中庭该是通体光明。

其实千里迢迢地来看卡瓦格博，就是朝圣。从这个意义上讲，这个酒店就是为朝圣者准备的，它的真身是供奉神山的庙宇，酒店只是化身，它要影响朝圣者面对雪山的姿态和心态。在金顶的光芒下攀爬天梯而接近雪山就是一种仪式，经历了这份庄严再看卡瓦格博，面对雪山的凝视就不再只是一个“国家地理”式的眺望了。

材料与建造

上文提到，恢复大藏房的夯土墙是众望所归，但现状的夯土墙满足不了未来酒店的使用要求。首先窗洞太小了，而且，如果只是简单洗掉“季候鸟”外墙那层涂料，乔阳当初碰到的问题仍然存在，用当地乡土做法完成的土墙强度不够，容易剥落，我们改造后的方案也没有设计保护墙体的屋檐。最后跟施工方商议的方法是拆除并回收现状夯土墙的泥土，内部结构改造完成后，再掺入适量水泥和固土剂重新夯一遍，相当于把夯土墙当作一件羽绒服套在已经用混凝土砌块填充过的主体框架结构之外。这样的夯土墙当然就不再有透气的效果，但强度和耐久性都明显提高。

夯土墙与窗套的施工

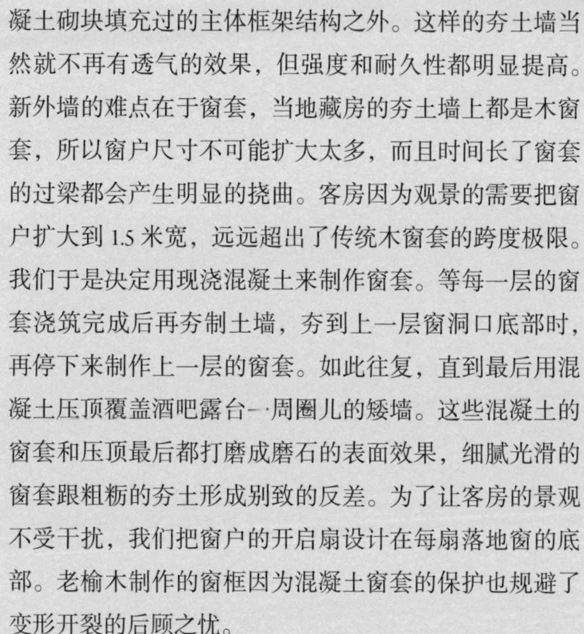

新外墙的难点在于窗套，当地藏房的夯土墙上都是木窗套，所以窗户尺寸不可能扩大太多，而且时间长了窗套的过梁都会产生明显的挠曲。客房因为观景的需要把窗户扩大到1.5米宽，远远超出了传统木窗套的跨度极限。我们于是决定用现浇混凝土来制作窗套。等每一层的窗套浇筑完成后再夯制土墙，夯到上一层窗洞口底部时，再停下来制作上一层的窗套。如此往复，直到最后用混凝土压顶覆盖酒吧露台一周圈儿的矮墙。这些混凝土的窗套和压顶最后都打磨成磨石的表面效果，细腻光滑的窗套跟粗粝的夯土形成别致的反差。为了让客房的景观不受干扰，我们把窗户的开启扇设计在每扇落地窗的底部。老榆木制作的窗框因为混凝土窗套的保护也规避了变形开裂的后顾之忧。

紧贴后山的“山房”立面用当地常见的毛石挡土墙饰面，其色调基本和山坡融为一体。为了让餐厅和雪山酒吧的屋面看上去尽可能轻薄，跟大藏房厚重的外表形成对比，我们最后决定用铝镁锰合金板来包裹这两个空间的外皮，包括屋顶和立面。这样省去了屋面额外的防水处理，合金板的背面也便于粘贴保温材料，同时也使这两个明显加建出来的空间更有临时建筑的感觉。

这个不到2000平方米的建筑，材料做法如此复杂，施工过程也相对粗放，其实对于建造质量我一直不太放心。然而试运营的第一个冬天过去，老赖跟我反馈说，酒店的冬季使用特别温暖，客房的保温效果更是无可挑剔，之前最担心的中庭冷凝水问题也并没有发生。我对于运营状态最大的顾虑这才烟消云散。

回望

2018 年夏天，甲乙双方又一次从大理翻山越岭去梅里处理现场问题。那时候白马雪山隧道已经开通，以前绕道雾浓顶通往德钦的老 214 国道上车辆已经稀少。山谷寂静，只有下午的阳光在林间闪烁，一路尘埃落定的感觉。当越野车拐过雾浓顶村最后一个弯道，逆光下几近完工的既下山酒店从路边种满青稞的土坎上露出半身的时候，我竟意外地感动，也终于彻底地释然。眼前这个面对卡瓦格博的建筑，它的姿态没有错。它本身就像一个孤独的朝圣者，虔诚，忘我，心无旁骛。目光凝视着前面的神山，那个探出屋顶的天窗就像合十的双手，顶礼圣境。

2016 年夏天，当我从巴瓦的灯塔酒店那个神话寓言般的楼梯间迈入大堂敞厅，逐渐接近轴线尽头那两把其貌不扬的木椅的时候，就感觉自己已经很久很久没有像当下那样跟世界紧紧地连为一体了。那隔着小木桌子对坐着的并不在场的两个人，任何人，都不是这个世界的陌生人。

老赖给梅里“既下山”酒店编的文案——“抵达内心的边境”，没有挑明。这个“边境”不是从里向外去抵达的，而是从外向里。真正的朝圣，真正的旅程，也都是这个方向。

2020 年 3 月 大理“山水间”

梅里雪山
既下山酒店

2018.11

摄影：陈颢

摄影：陈颢

摄影：陈颢

摄影：陈颢

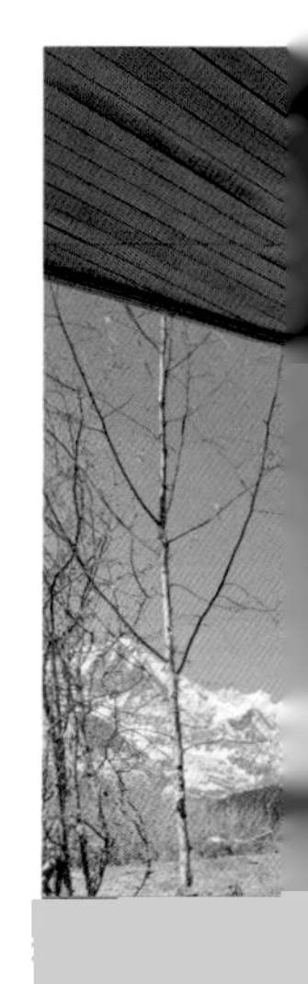

摄影：陈颢

摄影：陈颢

摄影：陈颢

摄影：陈颢

摄影：陈颢

摄影：雷坛坛

摄影：雷坛坛

摄影：雷坛坛

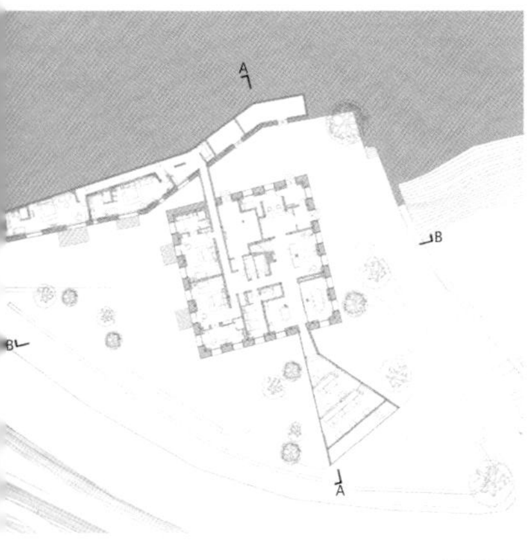

一层平面图

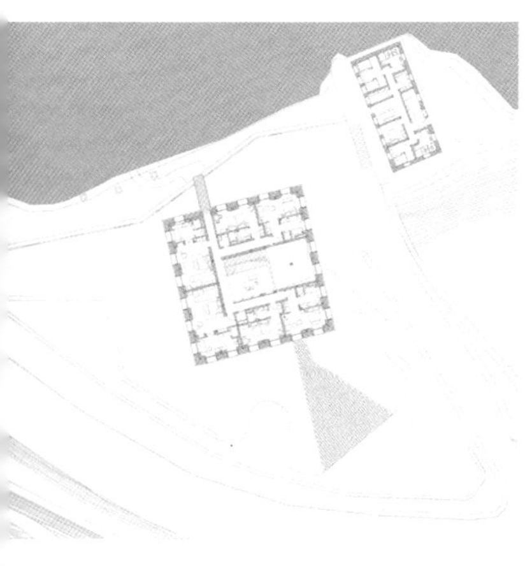

二层平面图

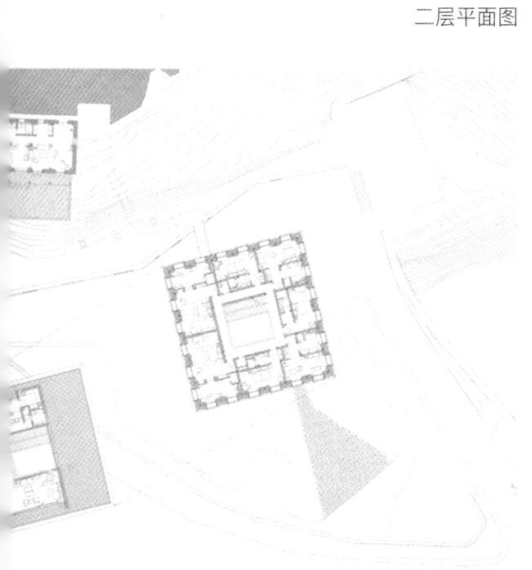

三层及四层平面图

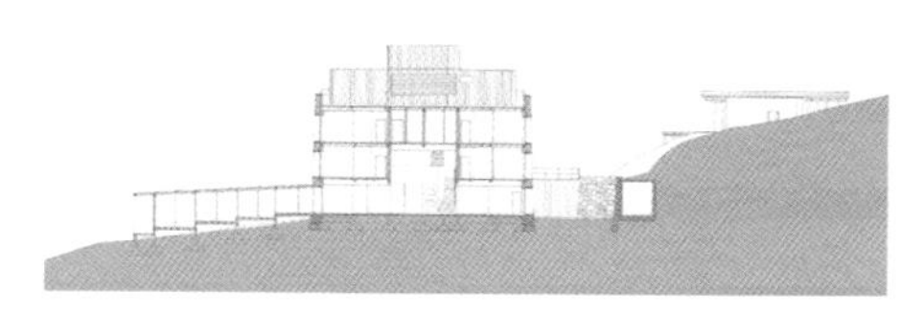

A–A 剖面图

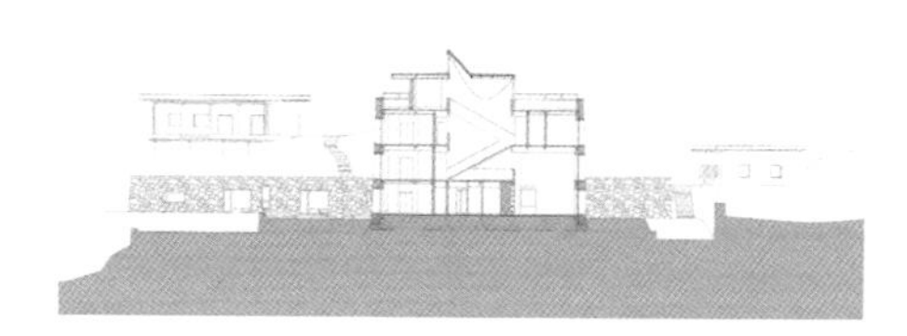

B–B 剖面图

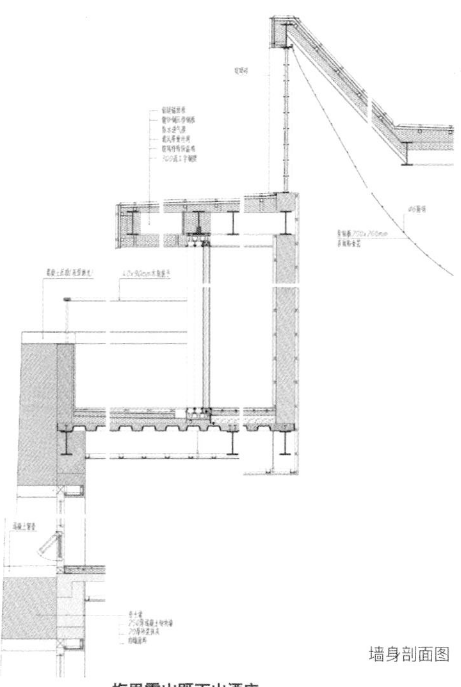

墙身剖面图

梅里雪山既下山酒店

业主：行李旅宿酒店集团

建筑师：赵扬建筑工作室

设计团队：赵扬、王典、李乐、David Dufourcq、白皓文

室内设计：尚壹扬

结构设计：马智刚

机电设计：北京卡林建筑设计有限责任公司

总建筑面积：1961 m^2

地理位置：云南省迪庆藏族自治州德钦县雾浓顶村

设计阶段：2015.10—2016.5

建设阶段：2016.6—2018.11

七

从“化势为形”到“离形得势”

两年前的春天，冯仕达先生照例来大理聊我们的工作。那次聊天算是一个回顾。当项目一个个回溯到尼洋河游客中心时，他像审案一样抛出一连串问题，我竟供出连我自己都没意识到的真相。从十年前我瞒着张轲去现场指挥工人给毛石墙刷完颜色开始，我就为这个房子编织了一个类似于“神来之笔”的童话。不料这个被我越吹越大的肥皂泡多年后竟被冯先生刺破，他拍着大腿兴奋地说:“原来你是靠拓扑关系起家的呀!”

冯先生提到的拓扑关系是相对于几何关系来说的。简单地讲，几何是用来描述形式形态的，而拓扑是用来描述空间关系的。尼洋河游客中心的平面是不规则的，如果这种不规则不是漫不经心地任意为之，我们往往会用“感性”“微妙”甚至“多年的功力”这样的字眼来解释，这样就容易发展出类似“神来之笔”的童话。如果我们用拓扑关系的眼光再来细读游客中心的平面，就会清晰地看到一条游戏规则。这个房子施工图的轴线恰好是支配形体和空间的轴线，这些轴线可分为两类:绿色的轴线勾勒出建筑的外轮廓形态，红色和橙色的轴线在外轮廓形成的五边形内切割出内部空间。如果再深入比较，还可以发现红色轴线和橙色轴线有着完全不同的力道：两根红色轴线是主导性的，它们的角度同时影响着两个“虚空”和两个“实体”；而橙色轴线是辅助性的，每根橙色轴线角度的改变只会引起轴线两侧一个“虚空”和一个“实体”的此消彼长。这些轴线之间的夹角并不存在“增一分则长，减一分则短”的苛刻，每两条轴线之间的夹角似乎都具有不同程度的宽容度，在这个宽容度之内移动或旋转轴线，平面的改变甚至是难以察觉的。这就是为什么冯先生认为这个设计应该用拓扑关系来理解，因为“拓扑学（topology）是研究几何图形或空间在连续改变形状后还能保持不变的一些性质的学科。它只考虑物体间的位置关系而不考虑它们的形状和大小”。

冯先生的提点跟他这些年从拓扑关系的角度研究中国古典园林有关，而这个研究思路又发端于朱光亚先生。朱先生 1988 年在《建筑学报》上发表了《中国古典园林的拓扑关系》一文，开篇就说：“在园林遗产的研究中，如希望高屋建瓴地撷取创新的启示，必须把目光从与现实不相适应的单个要素（如水、山、花木，特别是建筑）上移开，站得稍远一些；对它们做一次共时性的，即系统和整体的考查，注意要素之间关系的研究，才能找到其中更有生命力的本质。”冯先生说朱先生只是开了一个头，而冯先生本人目前的工作算是拓展和延伸。这让我联想起求学过程中一个遥远的共鸣。在哈佛第二学期的一个傍晚，我无意中撞进 Piper 报告厅，听到了法国景观建筑师亚历山大·契米托夫的演讲，他谦和而优雅地叙述着他对每个项目过程和情景的看法，表面上没有理论，却给我重读《道德经》一般醍醐灌顶的感觉。讲座过后，我立即买了他当时的新书——*Visits:*

Town and Territory–Architecture in Dialogue，这本书前言部分的文体竟也颇有《道德经》的意味。他爱摄影，总是用图文互证出凝练的观点。也正是在这前言中，我第一次知道了斯里兰卡建筑师杰弗里·巴瓦（Geoffrey Bawa）。那是一张卢奴甘卡庄园的照片和契米托夫对巴瓦的评论："一点一点地，巴瓦把一个由新旧建筑构成的庄园编织成一体，让花园和自然景观相互交融，这一切形成一个整体，在这个整体中，所有元素都因为不可分割的相互联系而成立——这是我们这个时代真正的建筑宣言。"这与朱光亚先生"生命力在于要素之间的关系"这一洞见不谋而合。

2006年我正式入职"标准营造"的时候，张轲刚刚完成了奠定事务所行业地位的几个项目，包括武夷小学礼堂、阳朔商业街坊、武汉中法艺术中心和青城山石头院。这几个项目都呈现为非正交体系的不规则形式。小学礼堂的不规则是体现在剖面上的，其他三个项目则是平面上的不规则。这表面上会给人一种以感性推动设计的印象，可如果细读图纸，会发现平面和剖面都非常理性地配合着建筑的空间使用和流线安排，清晰、紧凑而严谨。在去年发表的冯仕达和张轲的对谈中，冯先生把张轲的作品中反复出现的非规整形体称作"二度生成的形态"（derived secondary configuration）。"configuration"有"布局""安排"的意思，潜台词是现象背后动态的相互关系。他用这个词替换了代表现象的"form"（形式）或者"geometry"（几何）？而"derive"这个动词又暗含着"何所从来"的问题，言外之意就是这个形态的结果是被某些力量所支配和影响着的。也就是说，张轲早期作品中的"非规整"不应该简单地理解成"感性驱动"或者"个人风格"，也

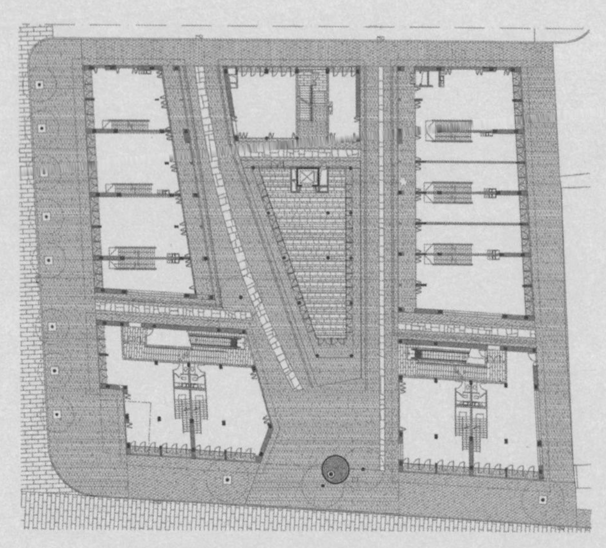
阳朔商业街坊平面图　绘图：标准营造事务所

不应该相对于“规整”来理解。如果把“非规整”看作一个动态的拓扑关系，那么正交体系呈现出的“规整”，不过是动态过程中的一个特殊瞬间而已。

2006年阳朔商业街坊落成后，张悦在他的评论文章里说道：“早在任何概念构思的工作开始之前，一个囊括数千米山水聚落的大地段模型便被制作出来。在大范围的空间品质分析中，街道走向与峰峦不同侧面之间的视觉连接特征被提炼出来，进而成为总图设计的决定性因素之一。这也是为什么，当我们孤立地对这几组切割形态既不时尚、又不尽合理的建筑不以为然，而当建筑落成后身处其中时，却被这街巷与山体的对望关系深深感动。”和直角正交体系所暗示的惯常使用方式相比，不规则的平面形态可以说是不“尽”合理的，但当我们感受到这些空间向度的扭转跟周围街道机理以及山体景观的联系时，再反观平面图的推敲是如何适应这些不对称的动机，同时达到几乎是无懈可击的平稳状态，我们就可以从这个小镇日常的外表下意会到一种“形”与“势”的“推手”了。这背后暗涌着的力道像极了《一代宗师》中，叶问和宫老爷的搭手掰饼，这其中悄无声息的见力卸力和借力使力让这个房子神光内敛却又气势撼人。

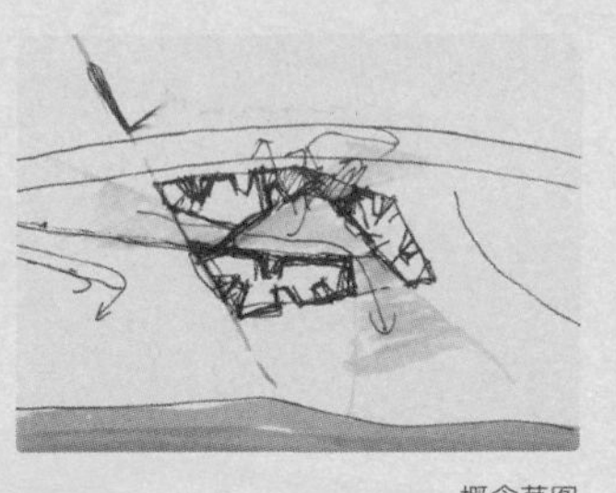

概念草图

但是在跟冯先生的对谈中，张轲用“不乖”（playfulness）来解释这些形式上的不规则。“很难分析出这种不规则到底是怎么形成的，可能本质上是因为我们骨子里还是有一些‘不乖’，我认为这和我们当下的建筑态度有关。”张轲的这个回答在我看来是有些误导甚至是可惜的，因为“不乖”或者“playfulness”都好像都有点“任性”，但是我在阳朔这个项目里读到的每一处拿捏都是格外精确和慎重的。

我在张轲门下耳濡目染和潜移默化所习得的就是这“不规则”形式背后“化势为形”的功夫。“势”是“潜在的关联和倾向”，是“无”；“形”是“势”在三维空间中的物化和显现，是“有”。如果把尼洋河游客中心那张确定设计方向的草图和最终的平面图放在一起比较，会发现草图里定义空间边界的线条是被流线、场地条件、功能关系同时影响的。如果我们把这些影响因子理解为“势”，那么平面图里的那些轴线可以说是把“势”落实为确切的“形”。我在“标准营造”日积月累所习得的平面草图功夫，就是心手合一地体悟“形”与“势”之间有无相生的功夫。

木梁的搭接关系

对“形”的彰显也是那个时期“标准营造”设计文化的鲜明特征。说得直白一点，就是设计要有形式表现力，这是整个团队心照不宣的共

木吊顶与墙面的关系

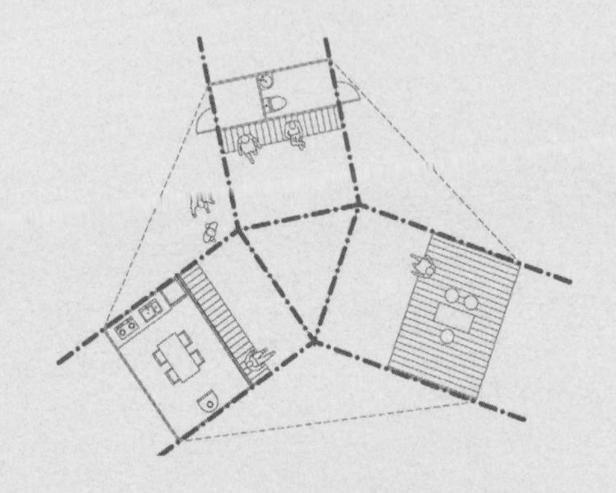

“共有之家”平面的拓扑关系

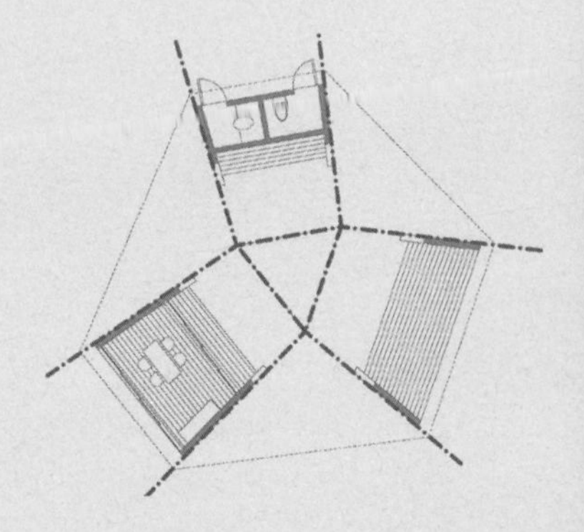

“共有之家”平面的拓扑关系（方案调整之后）

识。尼洋河游客中心无论是从外部边界轮廓，还是内部空间转折，都力求肯定和简洁。因为转折越少，每个转折积蓄的张力就会越强。细读平面，会发现没有一根轴线是多余的。这个时候，上文提到的那些构成“势”的脉络和线索就被提炼和转化成高度抽象而有力的拓扑关系，再加上侯正华在施工图关键环节提出把轴线放到所有墙体室外一侧的策略（这原本是出于对毛石墙体施工精度的控制，把误差都引向室内一侧的考量，却无心插柳地成全了一个完全取消建构解读的形式状态，因为吊顶跟毛石墙体完全没有咬合，它违背了简支木梁和毛石墙体搭接关系的惯常思维），以及后来我擅自用矿物颜料涂刷内部空间，进一步取消了毛石墙面和木质吊顶的材质区别，把内部空间在平面上的拓扑关系发展到三维，借助高海拔的阳光在矿物颜料上幻化出的夺目效果，实现了一个高度抽象而强烈的“形”的表达。

如果我们再回过头来看看气仙沼“共有之家”实施方案的平面图，可以看到平面轴线和墙体与空间的关系

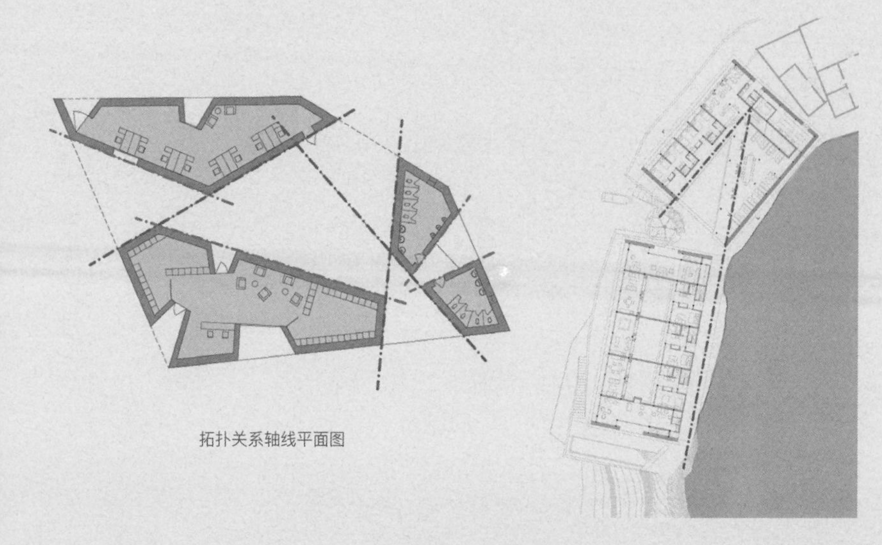

拓扑关系轴线平面图

“双子客栈”平面的拓扑关系

跟尼洋河游客中心如出一辙。决定这个建筑形态的不是从屋顶平面上看出来的三个梯形和三个三角形，而是定义出这几个形状的轴线。如果再联想到当时因为妹岛觉得入口三角形的空间感受不舒服，我们把三个矩形修改成梯形的过程，就更能明白对方案起决定性影响的不是几何形式，而是这些轴线构成的拓扑关系。

无独有偶，与“共有之家”的设计和建造过程几乎同时的双子客栈，那条贯穿南北两个地块的 70 米轴线，和在北院顺势切割而成的三角形院子，不也正是通过“化势为形”为项目的整体架构出内在空间结构的吗？我们甚至可以说，跟从几何出发的设计有所不同的是，从“关系”或者“拓扑关系”出发的设计都有种内家拳往里使劲儿的感觉。

2009 年底，尼洋河游客中心完成后，我强烈地感觉到一个建筑学的方向，但以当时的学识和眼界，又做不到用理论或学术的语言来描述和分析，情急之下就用英文写下一段体悟，当时姑且名之为“Architecture of

Circumstance”（境遇的建筑学）：

Originality comes from circumstances, not ideas. Ideas repeat themselves. Circumstances never recur. They form the river of Heracleitus.

原创性源自境遇，而非想法。想法自我重复，境遇永不复现，它们汇成赫拉克利特的河流。

Circumstances follow the law of causation. Therefore, they have their timeliness. It is circumstance that anchor architecture to its time.

因果的转换决定了境遇的变迁。因此，境遇是时间性的。境遇使建筑具有了时间性。

Circumstances are informal. Hierarchies are ever forking and improvisational. Spontaneity brings ad-hoc reactions.

境遇无定式，秩序交错往复而即兴呈现。自发性带来随机的应对。

Circumstances have their urgency for exactitude. They are the only solution to arbitrariness.

境遇要求应对的精确性。这是克服任意性的唯一办法。

Circumstances have their tolerance for precision, for the world is not such a rigid configuration.

境遇对于不精确有一定的宽容度，因为存在不是一个没有弹性的构成。

在“标准营造”，当建筑话题的讨论需要精确度的时候，我们往往会自动切换到英文（这其实也体现出建筑学科在文化上的尴尬处境），这也是为什么我会自然而然地用英文写下这段感悟。如果把这段文字中的“Circumstance”（境遇）一词替换为“势”，这段文字的指向也不会有什么不同。如果说功夫背后都是有心法的，那这段文字就是我写给自己的关于“化势为形”的心法了。

一年过后，哈佛的暑假，我回到北京，在即将启程去大理的一个下午，我坐在万圣书园写下了另一段文字。因为那时候已经习惯用英文思考，这段文字也就自然而然还是用英文写成。当时姑且名之“Architecture Without Ends”（无界的建筑学）：

The perfection of Manhattan ends at the island's periphery; the perfection of Seagram ends at the marble bench of the podium. Perfection is possible when the rest of the world is excluded.

曼哈顿的完美止于半岛之滨，西格拉姆的完美止于其基座的大理石长凳。如果完美之外的世界可以被忽略的话，完美是可能的。

“Architecture without ends” is architecture without essence. It is formed by whatever that is not architecture.

“无界的建筑学”是没有实质的建筑学。建筑被一切非建筑影响和决定。

“Cities without ends” are the urban merging into the suburban. We don't differentiate the natural from the artificial. We don't value the cultivated higher than the wild. The world in which we dwell should never be less than the whole.

无界的城市是城市渗入郊区。人工的和自然的没有边界。驯化的与野生的不分主次。我们安居其中的世界不应该缺失整体的任何部分。

When we sculpt the solid, our minds dwell upon the void; when we shape the void, it is the solid that matters.

当我们揣摩实体，我们注念于虚空；当我们营构虚空，实体在起作用。

We arrange things, not phenomena. Phenomena manifest themselves through well-arranged things.

我们安排事物，不安排现象。现象通过被恰当安排的事物自然呈现。

Geometry is one attribute of a material, not vice versa.

几何是材料的属性之一，但并非反之亦然。

There is a figure, as there is a figure in a rock or a tree, but it's not figurative. Every living creature has its figure. Buildings and towns are living creatures, simple or complex. They need to be figured out.

形态存在，正如它存在于一块岩石或一棵树中，但那不是拟态的。任何自然物都有形态，建筑和城市都是自然物，或简单，或复杂。它们的形态需要被提炼出来。

在哈佛留学的第一年，我非常密集地参加了来自世界各地的建筑师、艺术家和学者的讲座，也跟来自全球不同文化的同学有了深入的交流，这打破了出国之前因为各种客观局限而造成的思想的地平线，让我可以更清楚地面对自己和这个世界。那时候，我的思想已经被亚历山大·契米托夫的演讲、妹岛的讲座——“作为环境的建筑”（Architecture as Environment）、对杰弗里·巴瓦文献的研究，还有在希腊和加州的旅行等事件深深地影响。我感到世界之大，建筑学有无穷的可能向这个“冷漠而温情未尽的世界敞开心扉”（加缪《局外人》）。我那些对于“形”的执念，对于“建筑学”的执念，原来都是可以一笑而过的。写完时我并不知晓，这段话竟然就是我为后来大理的历险所准备的另一套心法，也就是“离形得势”了。

知行合一最好，但绕不过知易行难。虽然备好了心法，功夫还得靠实战来操练。刚到大理的时候，面对开启一个实践始料未及的困难，我的心态是如临大敌的，是不放松的。那三个未完成的房子在“作品”层面的诉求还是“形”的诉求，同一时期的“共有之家”也并未跳出“化势为形”的套路。直到2014年春节第一次去斯里兰卡看杰弗里·巴瓦的作品，在坎达拉玛酒店和卢奴甘卡庄园亲身体验巴瓦的建筑学跟这个世界的不隔与不二，我才能在2014年开始跳出“化势为形”的拘谨和狭隘，真正全然地面对我们在大理所遭遇的鲜活现实。“化势为形”的“势”是为了成全“形”而择取的线索，这个“势”是工具，是傀儡；“离形得势”是扬弃了“形”而沉浸于“势”，这个“势”不是工具，不是傀儡，它就是世界本身。

蒙中夫妇迁居竹庵已经三年有余，蒙中最近出版的新书《见南山》记录并见证了这个房子所孕育的小天地对他们夫妇二人生活和艺术的滋养。至于建筑本身，早已功成身退，退至生活的幕后，成为时光的背景；大理古城既下山酒店甚至没有立意在先，不过是因势利导，随物赋形；柴米多大院儿的设计更是在市井缤纷中见招拆招，若有若无。建筑不是从建筑学中来的，建筑要从世界中来，再回到世界中去。

2011 年夏天决定来大理，就是想远离已经作茧自缚的建筑学和被消费主义与社会分工所绑架的建筑行业，在一个建筑生产还处于自发状态的土壤里尝试让建筑实践，重新面对一个生活世界的全部现实。这个生活世界就是过去的那个“人世间”和“家天下”，可怜那个“家天下”而今只在苍山洱海之间依稀尚存。这一切难道也是我的乡愁吗？我儿时的“家天下”是嘉陵江畔的磁器口，我家祖宅是坐落在微地形上有五个高差的院子的半边。穿斗房的木结构像丛林的树干那样蔓延，青瓦坡屋顶像丛林的树冠那样一片连接一片。随形就势是本能，因借体宜是常识。将就也是讲究。一个镇只有一个屋顶，一个镇就是一座建筑，七上八下，百转千回，无始无终。没有孤立的单体，看不到有“立意”的构成；只有营造，没有法式。这就是“离形得势”的三千大千世界，这才是忉利天王那张“因陀罗网”。

我的磁器口就是卡尔维诺那座看不见的城市，我的黄桷坪（磁器口古镇的一个片区）就是博尔赫斯那个小径分叉的花园。“离形得势”原来就是我回家的路。

2019 年 7 月 于大理“山水间”

尼洋河
游客中心

2009.10

摄影：陈溯

摄影：陈溯

摄影：陈溯

摄影：陈溯

摄影：陈溯

摄影：陈溯

尼洋河游客中心

业主：西藏旅游股份有限公司
建筑师：标准营造 · 赵扬工作室
设计指导：张轲、张弘、侯正华
设计团队：赵扬、陈玲、孙青峰
建筑面积：430 m²
结构形式：毛石承重墙、木结构屋面
地理位置：中国西藏林芝县
设计阶段：2009.1 — 2009.5
施工阶段：2009.6 — 2009.10

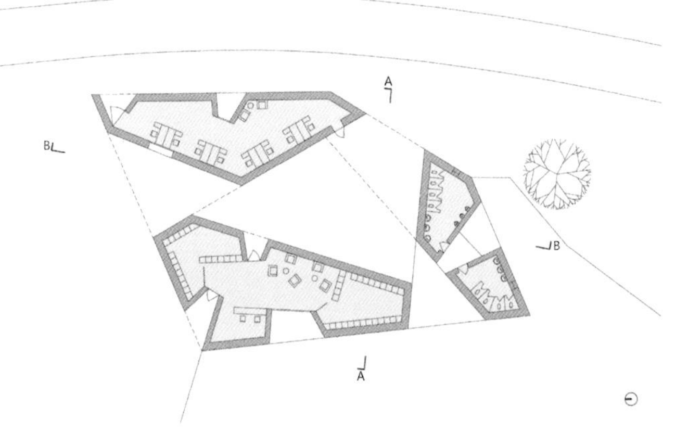

一层平面图

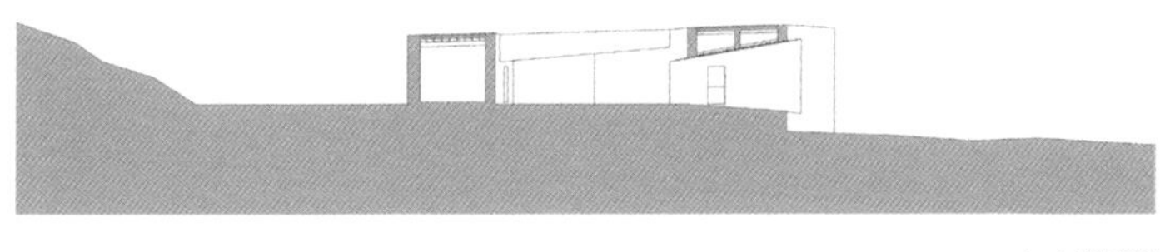

A–A 剖面图

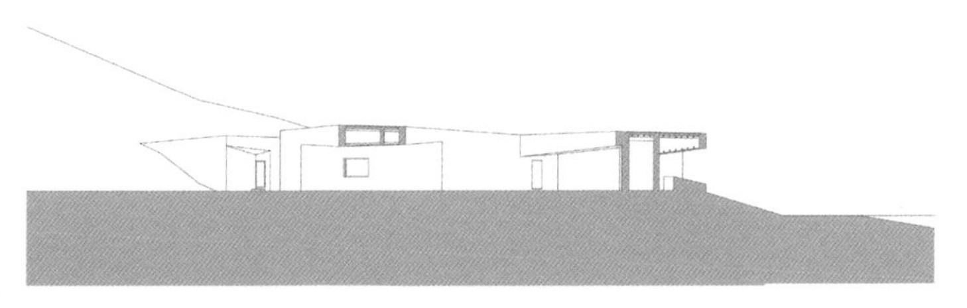

B–B 剖面图

直到第一个作品

学建筑有点像学功夫，就算混入了名门正派，没有高手的口授心传，终是难成。在我的建筑观萌芽时期，也就是还在清华的大三、大四这两年，我先后遇到了三位老师。从那时开始，这三位师父像复调音乐里协作并行的三个调子，在我成长为一名建筑师的路途中，像是有默契在先地对我施加影响。

张轲

记得还是建筑学院模型室的闫师傅把我引荐给张轲的。那是2001年的夏天，张轲刚赢了前门外明城墙遗址公园的竞赛回到北京创业，意气风发，聊起当时的中国建筑，有一种“粪土当年万户侯”的气概。张轲在“水清木华园”一套空荡荡的公寓里成立了“标准建筑事务所”（后来才改名为“标准营造”）。还记得当时公寓的白墙上贴着张轲几年前在哈佛念书时的一张铅笔手绘的轴测图，那是意大利托斯卡纳地区一个台地园的改造设计。虽然我一直也没读懂那个设计，但那张图本身有一种奇妙的氛围，让我至今难忘。图面上线条不多，最醒目的地方是铅笔完稿后再手工拓印上去的一棵树漆黑的剪影。每根铅笔线条背后似乎都是锱铢必较的踌躇，这种踌躇不像是在等待灵感，倒像是怕灵感来得太廉价而伤害了一个需要精心维护的“标准”。张轲特别喜欢用一个词“Rigorous”来描述这种慎之又慎的态度，当时我对这个词的翻译是“严苛”。一个平面图被他翻来覆去地折腾，我们当时哪里知道这些反复的标准是什么，只觉得做了好多无用功，但是看到张轲满脸的凝重和他做决定时的忐忑，心想，那是把建筑看得有多么要命才会如此坚定不移地忐忑着呀。

回过头来看，张轲那时其实是在用他对好建筑的感性经验和对抗媚俗的理性自律来支撑起整个实践的。20世纪90年代的中国建筑界充斥着文化后现代的大屋顶和对国外商业后现代不明就里的抄袭。当时我们在学校，只知道张永和先生率先开始了一些破冰的尝试，刚回国的张轲也是摸着石头过河，但我隐约感觉到他对于做建筑的难度和乐趣都是深有体会的。他反对用简单的逻辑判断或者策略来推动设计，而是用经验性的标准和感受去把握全局，让具体的建筑问题逐一浮现，设计品质一点点被打磨出来。这样做当然特别累，也特别反效率。

记得那时候杨振宁先生要回清华，于是学校在照澜院辟出一块用地，要给杨先生设计一座住宅（这算是老清华体面的传统，大教授们都在照澜院有自己的小洋房，好些还是林徽因先生的作品），这项目通过清华设计院交到了张轲手里。那时候我跟同窗卜骁骏（“时境建筑”创始合伙人）经常晚饭后骑车去张轲那儿帮忙，其实也没帮上什么忙，大家就是漫无边际地做了一堆设计，后来也总会被张轲推翻。当时张轲还邀请了他在哈佛的老同学维尼塔来帮忙，两个人专注地趴在桌子上用铅笔和尺规画图，线条一丝不苟。很多时候的讨论是就着半成品的图纸展开的，铅笔引领着想象，感受变得敏锐而有质地。同是清华建筑系毕业的张轲明白学校教育的匮乏处，他会带着我们细读西扎（Rafael Moneo）、莫奈欧（Alvaro Siza）这些大师的图纸，让我们看出其中"'规矩''意图'和'激情'"（discipline, intention and passion），图纸的客观性和感受的客观性之间的联系，一种他称之为"制图文化"（drawing culture）的东西。延伸到电脑CAD制图和读图，张轲也有坚持的标准跟方法（这些方法我一直沿用到现在）。他也特别看重手工模型，但是模型材料的选择很节制（主要是用灰色的卡纸板和透明有机玻璃），彻底改掉了我用花哨材料装点模型来取悦、哄骗自己的习惯。于是我体会到模型在用于表现设计之前，首先是用来帮助建筑师理解自己的设计的。这种对待工具的谦虚和虔敬让我体会到建筑这门手艺的涵养和尊严，这些都是当年在学校完全体验不到的。

正是在张轲的引导下，我开始从体会一个平面图的品质去尝试理解一个建筑的品质。这有点像年轻鞋匠在师父的引导下，从皮料开始，对如何才算一双好皮鞋有些心领神会的体悟。皮鞋的好坏是无关风格的。一个帕拉迪奥（Andrea Palladio）的平面和一个路易·康（Lacisl. Kahn）的平面虽然相隔了几百年，材料和技术跨越了几次产业革命，但平面图的品质是可以摆在一起掂量的。

学过大三，我本来有点沾沾自喜，还好碰到张轲，才明白自己还是门外汉。我依稀记得张轲最终提交的杨宅方案好像是布局特别简单，带院子的坡屋顶平房，内部空间的划分和家具的排布却别开生面。这个方案最终并没有被清华设计院采纳，倒也不意外：毕竟把家具和庭院都布置得如此具体，然而作为使用者的杨先生自己的意见丝毫未能参与进来，一厢情愿的生活方式很难有说服力。而且，也是从那个时候开始，中国建筑界开始流行所谓的"概念"，如果没有个一目了然的与众不同，要期待普通从业者去理解张轲当时坚持的标准和品质，太不容易。我想这大概也是"标准营造"起步阶段的尴尬之处。张轲是在20世纪90年代中后期的哈佛树立起自己的建筑观的。他深受当时在哈佛教书的雅克·赫尔佐格（Jacquse Herzog）、莫奈欧、卒姆托（Peter Zumthor）等建筑大师的影响，对于建筑学和建筑艺术的认识建立在欧洲建筑文化深厚的传统和教养之上，那是身处同一传统中的建筑师和大众之间心照不宣的默契。把这样的标准移植到二十年前的中国，水土不服是难免的。也正是因为这个原因，当时的我对于张轲的乐观和自信，多少会感到困惑。

王路

我在大三下学期期末获得了保送本校研究生的资格。当时启蒙过我的周榕老师把我引荐给了王路。王路在德国读完一个漫长的博士之后回清华任教，刚接任《世界建筑》主编不久，风度翩翩，也是学生中炙手可热的导师人选。学长中的先锋偶像——我亲爱的师姐贾连娜（"多相工作室"的创始人之一）就是王路的高徒。按照学校的规定，导师应该从大五才开始对研究生负责，实际上从大四上学期开始，王路就带着我和同门师兄姊一起去桂北考察乡土建筑，并开始接触他工作室的研究和设计工作了。

清华建筑系的本科教育一直没有一个明确的培养目标。大三处于专业热情的高潮，大三下学期保研名额一经确定，同学们便纷纷开始各自谋划毕业的出路，所以一到大四学风就散了。但是王路的师门学习氛围特别浓，我也正好到了该思考建筑观的时候。王路当年在清华师从汪国渝先生，读研期间和同窗李晓东老师一起跟随汪先生和单德启先生参与了黄山云谷山庄的设计工作，现在看来属于传统地域主义的范畴。王路当年的硕士论文题目是《浙江地区山林佛寺的建筑经验与利用》，有大量实地考察调研的经验。后来他在德国的博士论文是有关传统村落的保护与更新方面的研究。王路曾跟我们描述当时跟他德国的第一个导师威尔汉姆·兰泽特(Wilhelm Landzettel)（汉诺威大学乡村建筑与居住科学研究所前主任，当时在乡村建筑研究领域的著名教授。1995年去世时，南德意志等报称"德国的乡村教父 Dorf Papst"去世）去考察村落的经历。比如，当汽车快要接近目的地村落的时候，教授会让车停下来，一行人下车，描述和记录接近一个场所的感受，村口是"第一印象场所"。王路因为在清华练得一手漂亮的钢笔画，就专职负责在现场把这些"印象"记录下来，晚上再加班加工速记草图，用于研究成果的出版。

王路对于乡土建筑和场所的理解大多是以感受作为基础的。读研三年，我已经跟着他走过了广西、浙江、云南、湖南甚至瑞士的乡下。王路带着我们跑这些地方，几乎就只是走和看，偶尔笑眯眯地指出他觉得有意思的东西，竟跟开玩笑一样。现在想起来真是纯真年代一段段抒情的旅行。即使是一起去看他了如指掌的天台国清寺，他也不多聊知识性和理论性的东西，虽然这显然是他如数家珍的研究范畴。他让我觉得这些东西很重要但并不严肃，这让我完全感觉不到压力，反倒是带着开放的感受力，潜移默化地接受熏陶和滋养。有时候我甚至觉得他是反理论的，但他在德国待了七年，还出版了自己的博士论文，简直不可思议。当年跟着王路在山野乡间的这些行走，再加上后来自己的旅行经验，其实奠定了我现在感受并理解场所的基本方法和心法。后来因为偶然际遇来到大理，一见钟情并定情，难道不是当年埋下的伏笔？虽然当王路听说我从美国回来就要去云南，语重心长地劝我三思，“你就是去成都也好啊！”他那是怕我太苦。

王路带我们游山玩水，很多时候也是因为一些实际项目的机缘。2000年前后的中国，开始出现一些有探索空间的建筑项目。我刚入师门，就看到了字正腔圆的天台博物馆方案，隐约觉得自己摸索的那点野路子真是上不得台面，于是脸红心虚、如饥似渴。当时隔壁单军老师的大弟子陈龙师兄（“多相工作室”的创始人之一）经常来串门，串多了反倒是更像王老师的徒弟（当时单军老师在MIT访学，托王老师代管）。单老师那时候研究的方向是“批判的地域主义”，跟王老师合作不少，大家你来我往，其实就是一个师门。如果把20世纪80年代的黄山云谷山庄看作“传统地域主义”（romantic regionalism）的一个代表，那么王路、单军当时在清华引领的学术方向和设计理念可以看作对他们大学时代经验的一个延续和反思，也就是建筑理论家亚历山大·左尼斯（Alexander Tzonis）和夫人历史学家丽莲·勒菲芙（LianeLefaivre）于1981年提出的“批判的地域主义”（critical regionalism）。当时这一学术思想的两个方面对我的建筑观的形成产生了深远影响：一是强调特定场址对建筑的决定性作用，二是从建构（tectonic）出发来理解形式问题。

冯仕达

王路虽然不谈理论，他却从悉尼把研究建筑历史与理论的冯仕达老师请来了清华。冯仕达当时在新南威尔士大学教书，在2002年夏天来清华开了一系列学术讲座。那段时间我正好在张轲那儿实习，对于张轲给我们安排的修炼完全乐在其中。张轲是铁打的实践派，坚信只有作品才能说明问题，以至陈龙给我打了好几次电话，说冯老师的讲座如何精彩，我竟丝毫不为所动。直到冯仕达临走时，要在北大方楼跟张永和先生对谈关于“修辞”的话题，陈龙几乎是以警告的语气跟我说这是最后的机会了。张轲当时并不认识冯仕达（虽然后来也成了好朋友），特别怕我们受了歪风邪气的影响，无奈地说：“也好，你去听听他们都在‘bullshitting’些什么！”那时候，大家就是这样较真儿的。

关于“修辞”的讨论我并没听懂，却因此认识了冯仕达。我所了解的建筑界，无论是建筑师，还是学校的教授，每个人都经营着自己的一亩三分地，这是很容易看出来的。但冯仕达是一位怪侠，他在中国花的时间和做的事情我都看不明白他到底图什么。他跟当时的中国社会没有利益关系，倒像是游走江湖、行侠仗义的逍遥武痴。他在当时方兴未艾的建筑论坛ABBS上以网名“Nomad”坚持网络写作，在十多年的时间内，以上千个帖子进行学术普及和传播；他当时在澳大利亚当老师，却跟很多中国大陆的学生用MSN保持联络，而且像圣诞老人一样在中国大陆飞来飞去，赠书并宴请各地“爱徒”，花销不菲；后来，他在国内各大建筑院校的学术访问也越来越频繁，还帮同济大学和天津大学带研究生，却并没有在中国谋求教职的打算；他陆续对中国当代建筑师做了大量研究和访谈，包括张轲、李兴刚、“都市实践”、“多相工作室”，以及他悉尼的爱徒袁立平和斯特芬妮·利杜（Chenchow Little）夫妇，等等。多年后我从美国搬到大理，他也从澳大利亚搬回了香港，连续三年每年带着香港中文大学的学生来一趟，花几天时间跟我跑工地聊设计，但他并不急于把这些大量的时间投入变成可以计量的学术成果。后来我的眼界逐渐开阔起来，他才跟我解释说，如果以开放的心态面对学问或者学科，就意味着要发展一些事情之间的关联，不能以专家的内向心态圈地占山头。建筑学学者不仅仅要面对书本和建筑物，更要面对盖房子的建筑师和学建筑的学生，因此他的工作很多时候是一种“声音”的功夫，“声音”并不是特定的观点或内容，“声音”发出来是要让其他人意识到一些可能性。

冯仕达就是用这样的“声音”来影响他的爱徒们的。无论在任何场景下跟他聊天，他都不是在表达自己。他不像张轲是我的老板，也不像王路是我的研究生导师，他也完全没有作为前辈有意或者无意的居高临下，于是我什么问题都敢跟他聊，但又往往得不到直接的答案。这当然是在训练我的思维，同时也逼得我只好多读点书。其实在建筑系，自以为设计能力高人一等的学生都不大喜欢读书，尤其不喜欢读文字。冯仕达了解我不喜欢纯理论和哲学，更没有成为学者、建立知识体系的志向，就推荐了一些让我这个急功近利的小朋友以为跟提高设计能力密切相关或者表面上迎合我作为一个文艺青年小资情调的书。在他循循善诱的书单中，我反复精读的几本的确奠定了我毕业之后还能继续自我教育和自我批评的基本视野和建筑学英文阅读的基本能力。这其中包括当时拉斐尔·莫奈欧刚出版的新书《理论的焦虑和设计的策略》（*Theoretical Anxiety and Design Strategies in the work of eight Contemporary Architects*），后来被我当作硕士论文研究对象的塞西尔·贝尔蒙德（Cecil Balmond）的新书《异规》（*Informal*），朱丽亚娜·布鲁诺（Giuliana Brano）关于建筑学和电影的《情绪的地图》（*Atlas of Emotion*），还有比特瑞兹·科罗米娜（Beatriz Colomina）的《私密与公共》（*Privacy and Publicity: Modern Architectures as MassMedia*），等等。这些阅读让我看到建筑学的思考可以多么勇敢、开放和自由，也彻底让我告别了像粉丝一样学习大师的状态，我开始尝试用同理心去揣摩大师们工作背后的心理状态、意识形态和他们的文化构成。

冯仕达另外一个持续的“声音”是关于园林的。这个“声音”不光作用于我，也广泛地作用于他的其他爱徒和跟他打交道的建筑师。20 世纪 80 年代在澳大利亚写博士论文时，他就跑到中国来跟陈植和陈从周二位先生学习《园冶》，后来成为把苏州园林引入西方当代景观学视野的最重要的学者。他带我逛苏州园林，像王路带我看乡土那样拒不提供任何专业视角，就是笑眯眯地点到为止。年轻的时候，我对中国古典园林完全没有兴趣，也很不能理解那些直接照搬园林的手法，或者把这些手法牵强地抽象成更简洁的（也就是更生硬的）形式，并以此作为设计理念甚至设计目的的建筑师。作为一个急功近利地想要速成建筑观的学生，要不是基于对冯仕达的信任，我是不大可能相信花时间逛园林可以对设计方法有微妙影响的。直到2006年冬，我随冯先生和阿尔伯托·佩雷兹·戈麦兹（Alberto Pérez-Gómez）先生去了那时候刚开放不久的环秀山庄，在戈裕良的假山上里里外外地转，在那咫尺之间的峰回路转和柳暗花明中，我依稀而强烈地感觉到一种区别于以往所了解到的一切可以被称为“方法”的东西。记得当时我特别兴奋地跟冯先生描述我的体会，但怎么都说不清楚。现在尝试回过头来道破之：我当时只是模糊地感觉到了，但离亲历这种设计者和设计对象之间的关系，运气相当好的话，也有好几年的距离。

冯仕达大多数时候都愿意因势利导地去影响学生，一旦出现明显的错误或者歧途，他定会非常肯定地反对；看到学生沾沾自喜，也会当面无情地嘲讽。因为他发出的“声音”从来都不是要利己，所以爱徒们都非常信任他，尤其是在选择人生方向的关键环节。我在清华毕业一年后正式成为“标准营造”的员工，后来在张轲的支持下，成立了半独立状态的“标准营造·赵扬工作室”，并且居然在一年后完成了一个颇为完整的“作品”——温榆河边的一座小办公楼。那年冬天，我踌躇满志地请冯仕达去参观这个“作品”，急切地希望得到他的认可，他竟面无表情地说：“你还是去趟哈佛吧。”北京的那个冬天阴沉灰冷得像块冻铁，而冯仕达的话竟比那块冻铁还要灰冷阴沉。张轲表扬我，是看到以我当时的基础，能盖成这房子着实不易；同辈恭维我，是因为觉得能在28岁做成这样的事情的确是有点不一般；冯仕达打击我，是因为他的实事求是，让我能痛彻心扉地认识到如果把这个我自以为是“呕心沥血”做出来的建筑当成“作品”，未来就很难有真正的作品了。

2006年我正式入职“标准营造”时，张轲已经把工作室搬到蓝旗营中科科仪厂区的一座红砖礼堂了。张轲拆掉礼堂的吊顶，露出原始的木桁架，并在望板下满贴黑色钢板；又铲掉墙面抹灰，露出斑驳红砖；再用长条形的钢盒子窗套把立面开洞都划分成竖线条，这空间就越发显得法相庄严。再加上地面也是水泥的，整个室内没有软装，混响效果近乎欧洲砖石结构的教堂。每天上班，拉开再合上那扇可以通过惯性感受其分量的大门，转身面对的就是标准营造的建筑道场了。

2007年春天成立“标准营造·赵扬工作室”的时候，张轲跟我说中国建筑不是仅靠几个人的努力就能进步的，所以他才决定设立这个制度来帮助年轻建筑师。这个工作室是半独立的，项目由“标准营造”提供，我因此得以越过起步建筑师难以争取到优质项目的门槛。我虽然要面对来自项目的全部压力，但不用像经营一个事务所那样为千头万绪的琐事分神。张轲虽然对我的设计决定保留否决权，评图机制也带来了额外压力，但这也正好弥补了我职业经验的不足，并拓展了我自我批评的边界。甚至可以说，那时候“标准营造”的设计文化就是建立在开放性的评图机制上的。张轲经常用“rigorous”这个词来端正评图的基调，后来我去了哈佛，有一天突然明白这个词在“标准营造”的语境里应该翻译为“究竟”二字。当年那些彻夜的评图，往往超越了项目本身，就像在辩经，辩的就是一个“究竟”。如果没有体会过这个力道，我亦不可能想象自己现在能在这个疾速变幻的世界里从事独立建筑师这个磨炼心性的职业。

冯先生说得好：“文化是要用来分享的，不能被分享的不叫文化。”我这三位师父，无论是搞设计、带学生还是做学问都真诚而通透。我是何等幸运，一路接受如此慷慨的馈赠和启迪，才能逐渐走出自己的路。我当然不认为这是大多数同辈建筑师都能拥有的际遇，于是决定知无不言，言无不尽，以此拙著向我的前辈致敬，与我的同辈共勉，也希望能为更年轻的后辈学人提供一点助益和参照。

我爸当初所言不虚，建筑师可以是一个幸福的职业。

2019 年 7 月 于大理“山水间”

赵扬建筑工作室团队成员名单
2012—2019

武州 / 陈若凡 / 李烨 / 王典 / 张喆 / 李菁菁 / 郭壮

熊然 / 戚梦晓 / 梁文礼 / 罗姣 / 曹晓宇 / 侯新觉

商培根 / 李宇宸 / 陈诺 / 龙伊能 / 龚冰倩

尤玮 / 杨丽君 / 李坤林 / 王鑫 / 孙宇 / 陈志林

陈立辉 / 陶逸 / 文艺帆 /Efraín Pérez Del Barrio

罗琳琳 / 李乐 / 丁乡 / 陈梦露 / 孙恩格 / 徐超

冯禹翰 /David Dufourcq / 黄楚阳 /Pooja Annamaneni

白皓文 / 周睿哲 / 张楠 / 韩梓濠 / 李文爽 / 许东磊

雷天丰 / 岑弥 / 李潇 / 周怡静 / 唐献超 / 陈祉含 / 凌寒

孙群 / 王怡然 / 段思宇 / 张少尹 / 蔡文欣 / 刘启贤

苏展 / 简雪莲 / 周笃创 / 叶俊成 / 张婧仪 / 郭雨桥

吴颖妍 / 刘桔 / 刘诗宇 / 杨雨后 / 何国耀 / 石崇鹏

林君泽 / 罗雅文 / 孔祥喜 / 刘心如 / 郝心怡 / 冯腾舟

李旱雨 / 王贺 / 周盛遥 / 何欣冉 / 刘憬辰 / 李子力

项目 @ 大理

截至 2019 年底，赵扬建筑工作室在大理参与过的 16 个项目

1. 双廊陈宅
项目状态：土建完工
参与人员：赵扬、武州、王典
设计阶段：2011.10—2012.9
施工阶段：2012.10—2015.1

2. 海角客栈
项目状态：土建完工
参与人员：赵扬、武川
设计阶段：2011—2012
施工阶段：2012—

3. 双子客栈
项目状态：土建完工
参与人员：赵扬、陈若凡、李烨、武州
设计阶段：2012.3—2013.6
施工阶段：2012.6—2013.12

4. 喜洲竹庵
项目状态：建成
参与人员：赵扬、商培根
设计阶段：2014.8—2015.2
施工阶段：2015.2—2016.1

5. 大理古城既下山酒店
项目状态：建成
参与人员：赵扬、武州、商培根、杨丽君
设计阶段：2014.3—2016.1
施工阶段：2015.1—2017.1

6. 才村 Hotel "S"
项目状态：土建完工
参与人员：赵扬、武州、陈诺、尤玮、文艺帆、杨丽君、龙伊能
设计阶段：2014.10—2015.7
施工阶段：2015.7—2017.1

7. 柴米多农场餐厅和生活市集
项目状态：建成
参与人员：赵扬、商培根
设计阶段：2015.5—2015.9
施工阶段：2015.6—2016.3

8. 上银村一号院
项目状态：未建成
参与人员：赵扬、尤玮
设计阶段：2015.5—2015.9
施工阶段：—

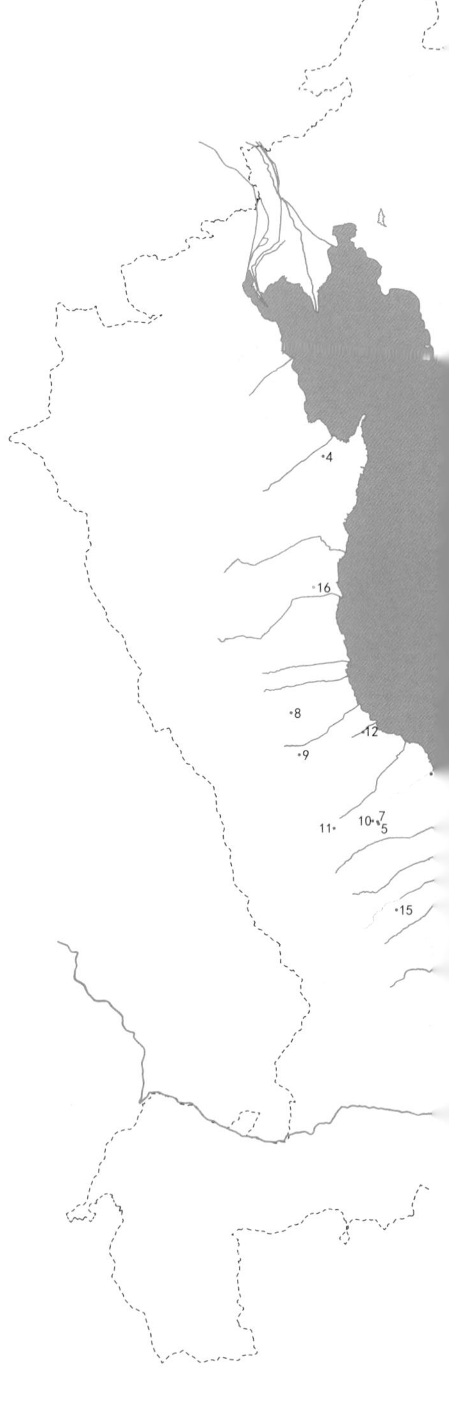

9. 力宝公馆
项目状态：未建成
参与人员：赵扬、王典
设计阶段：2015.10—
施工阶段：—

10. 广武路 Hotel "K"
项目状态：未建成
参与人员：赵扬、丁香
设计阶段：2015—2016
施工阶段：—

11. 点苍山居
项目状态：未建成
参与人员：武州、黄楚阳、白皓文、David Dufourcq、杨丽君、李潇、周怡静、唐献超
设计阶段：2016.3—2017
施工阶段：—

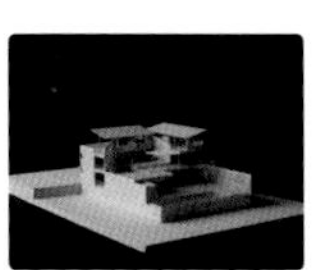

12. 白塔邑李宅
项目状态：未建成
参与人员：赵扬、尤玮
设计阶段：2016.4
施工阶段：—

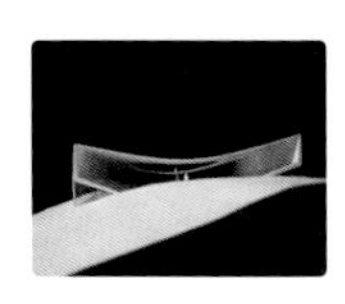

13. 满江艺术馆
项目状态：建设中
参与人员：赵扬、陈祇含、孙群、周笃创、简雪莲、张婧仪、武州
设计阶段：2016.12—2019.12
施工阶段：2019.11—

14. 希尔顿格芮精选酒店
项目状态：建设中
参与人员：赵扬、武州、黄楚阳、周笃创、简雪莲、白皓文、凌寒、孙群、陈祇含、叶俊成、苏展、蔡文欣
设计阶段：2017.4—2019.3
施工阶段：2018.6—

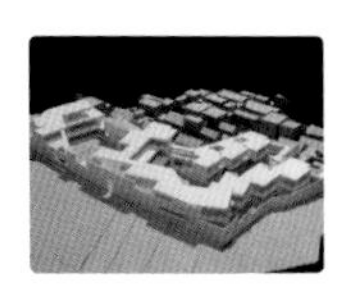

15. 大理道禾学校
项目状态：未建成
参与人员：武州、黄楚阳、陈祇含、白皓文、周笃创、叶俊成
设计阶段：2017.10 — 2017.12
施工阶段：—

16. 湾桥黑宅
项目状态：建设中
参与人员：赵扬、王贺、郝心怡、何欣冉
设计阶段：2019.6 — 2019.8
施工阶段：2019.8 —

图书在版编目（CIP）数据

造一所不抗拒生活的房子 / 赵扬著 . — 北京 : 北京联合出版公司 , 2020.12

ISBN 978-7-5596-4403-9

Ⅰ . ①造… Ⅱ . ①赵… Ⅲ . ①建筑设计 Ⅳ . ① TU2

中国版本图书馆 CIP 数据核字 (2020) 第 121944 号

造一所不抗拒生活的房子

作　　者：赵　扬

出 品 人：赵 红 仕

策　　划：乐府文化

责任编辑：牛 炜 征

特约编辑：刘 一 琳

装帧设计：李猛工作室

设计协力：宗 国 燕　杜 英 敏

北京联合出版公司出版

（北京市西城区德外大街 83 号楼 9 层　100088）

北京联合天畅文化传播公司发行

北京奇良海德印刷股份有限公司印制　新华书店经销

字数 145 千　145 毫米 x 210 毫米　1/32　印张 7.125

2020 年 12 月第 1 版　2020 年 12 月第 1 次印刷

ISBN 978-7-5596-4403-9

定价：98.00 元